THE
NORTH POLE

北 极

［英］迈克尔·布拉沃◎著

于　健◎译

上海科学技术文献出版社

Shanghai Scientific and Technological Literature Press

图书在版编目（CIP）数据

北极／（英）迈克尔·布拉沃著；于僵译．—上海：上海科学技术文献出版社，2022

（"地球"系列）

ISBN 978-7-5439-8475-2

Ⅰ.① 北…　Ⅱ.①迈…②于…　Ⅲ.①北极—普及读物　Ⅳ.① P941.62-49

中国版本图书馆 CIP 数据核字（2021）第 223003 号

NORTH POLE

North Pole:Nature and Culture by Michael Bravo was first published by Reaktion Books in the Earth series, London, UK, 2018. Copyright © Michael Bravo 2018

Copyright in the Chinese language translation (Simplified character rights only) © 2022 Shanghai Scientific & Technological Literature Press

All Rights Reserved

版权所有，翻印必究

图字：09-2020-503

选题策划：张　树　　　　责任编辑：姜　曼
助理编辑：仲书怡　　　　封面设计：留白文化

北　极
BEIJI

[英]迈克尔·布拉沃 著　于　僵 译
出版发行：上海科学技术文献出版社
地　　址：上海市长乐路 746 号
邮政编码：200040
经　　销：全国新华书店
印　　刷：商务印书馆上海印刷有限公司
开　　本：890mm×1240mm　1/32
印　　张：6.75
字　　数：124 000
版　　次：2022 年 4 月第 1 版　2022 年 4 月第 1 次印刷
书　　号：ISBN 978-7-5439-8475-2
定　　价：58.00 元
http://www.sstlp.com

献给我的父母妮科莱特（Nicolette）和保罗（Paul）

目 录

弗里乔夫·南森的《在北方的迷雾中》(1911)的卷首插图是《伊甸园》

前　言

　　如果我们大多数人都对北极一无所知，并且永远都不会去北极，那么北极为什么如此重要？在本书中，我将以一种全新的方式来探讨北极的神秘力量和魅力。我为读者提供了一个渠道，让大家了解为什么北极对所有人来说都十分重要，毕竟，我们的家园——地球——是一个整体。许多为探寻北极奥秘而献身的探险家不仅是冒险运动的忠实爱好者，还经常被人们塑造成充满激情的英雄。当那些一生致力于探索北极的冒险家们对自己一生做的努力进行反思时，他们意识到自己探求的不仅是个体价值的实现更是对社会道义的追求，而这两者之间并不相悖，甚至界限模糊。很多人认为北极是地球上令人垂涎的地理目标之一，甚至可能是最具吸引力的目的地。因此，对北极的探索不仅具有象征意义，也代表着对地理知识本身的追求。

　　在写这本书时，令我感到惊讶的是，我发现 19 世纪晚期的探险家，例如弗里乔夫·南森、罗伯特·皮尔里和阿道夫·埃里克·诺登斯基尔德，花费了大量的时间专门研究过去几个世纪的极地航海家和自然哲学家所做的工作。这些对探寻北极极富兴趣的探险家们不停地深挖两极历史，并对极地探寻做出了很多有意义的贡献。尽管他们很难对北极的某一个定义或者某一个探寻方法达成一致，但在一件事上他们是一致的，那就是任何探索都需要在历史和哲学的指引下进行。19世纪，从英国极地探险计划的缔造者约翰·巴罗开始，研究和撰写极地历史成为探险家们极地探索中不可分割的一部分。

出于这个原因，这本书的目的并不是要讲述一个线性的故事或是描绘历次北极探险的经历。对于北极的探索贯穿了许多探险家和哲学家的一生，他们认识到北极并不是"两极对立"的。在空间上，当站在北极时，每个方向都朝南。在时间上，北极是永恒的，北极至今没有对应的经度或时区。这不是巧合：北极可以看作是时间的起源，因为所有定义时区的经线都穿过北极。几个世纪以来，帝王和哲学家已经认识到北极的特殊意义，它是定义全球时间的一个点，但它本身并没有时间。正如我们将在以下各章中看到的那样，这个世俗与神话时代的交汇点对于那些关注宗教或政治权力的人具有强大的吸引力。

在古希腊时代，回答有关北极的简单问题是一件非常困难的事，甚至对于我们的早期现代天文学家、数学家和哲学家来说，回答这些问题也是非常困难的。地球上的北极是宇宙中一个独特的点，还是只是一个虚构的

地图上的点，投影到任何其他天体上也可以？磁极吸引
罗盘针的行为如何与地理上的两极联系在一起？磁铁针
或磁石的极性是否与地球的磁引力遵循同样的原理？尽
管这些哲学问题非常抽象，但无数航海家为此付出了非
常真实的代价。一些北极探险队在北极高地进行考察时
发现他们无法确定自己的方位，他们的罗盘指针开始乱
转，一会儿指向一方，一会儿指向另一方。难以掌握方
向使航海家和观测员丧失了航行的信心，这也经常导致
他们不得不在被冰覆盖的危险海域前进。在随后的各章
中，读者将会读到航海家和哲学家为探索北极做出的
努力。

北极的故事更像是一个宇宙棱镜，而不是一个随时
间的推移而逐渐揭晓的线性故事。它加深了人们对地球
的理解和对自我的认识。因此，我们可以引出这本书的
动机问题了：为什么北极很重要，对谁重要？

这本原创图书讲述的故事，大部分是基于以前未发
表的研究。因此，我十分感激许多杰出的早期现代史学
家和历史地理学家。当我开始写这本书时，我最初是想
从地理方面写北极，也顺道提一下北磁极。我没有意识
到的是，如果不先了解天极，就很难了解北极的历史，
许多世纪以来，天极一直被认为是极其神圣的并且被当
作是宇宙设计的中心。相比之下，地球的两极受到的关
注很少，亚里士多德学派认为，和地球本身一样，地球
的两极和同类比是腐败的苍白阴影。如果历史受亚里士

多德主义者的影响而止步不前，那么今天我们可能没书可写。幸运的是，文艺复兴时期的新柏拉图主义者强烈反对亚里士多德主义者，认为地球和天空和谐地运动。16世纪宇宙学的目的是研究和理解这些和谐运动，直到那时，地球的地理极点才开始成为人们特别关注的对象。对于那些和我一样的读者，期待着一本书能首先进入地球早期两极神话的讨论，我深表歉意。地球两极的故事与天文学的历史是分不开的，我们需要从天空和地球的和谐运动开始讲起。事实上，地球和天空之间的和谐运动是如此重要，宇宙结构学是文艺复兴时期遗留下的宝贵财富，尽管它以奇怪的方式发生了巨大的变化。正因为如此，对于不太精通近代早期历史的读者来说，通过这本书的各个章节了解北极的过程，将是出人意料的、曲折的。

北极的神秘力量和魅力是贯穿本书各章节的永恒主题。在古希腊、古埃及、古印度和古波斯文明中，它一直是强大的象征。我们似乎可以认为，一旦几个世纪以来的著名地理学家和天文学家定义并绘制了北极地图，北极这个神秘之地就会变得索然无味，但是历史表明，情况恰恰相反。北极越受到人们的关注，科学家越想将其研究透彻，事实就越令人困惑和迷茫。因此，这本书不仅讲述了地球上北纬90度这个点（乍一看这个点似乎是固定的和明确的）的故事，还讲述了其他北极点的故事，这些北极点有些重要，有些则不重要，但它们都是神秘与矛盾的根源，令人难以掌控。

第一步就是要了解，因为人们很少去过北极，所以哲学家、科学家、纸上谈兵的旅行者、探险家和科幻小说作家长期以来一直相信，了解北极的唯一途径就是身临其境。从历史上看，人们有四种方式去北极：从陆地、从天上、从海底或从地球内部。其中一些旅程利用了科学手段或无畏的技术实验，另一些旅程则是奇幻的，甚至是乌托邦式的令人难以置信的或冒险的故事。各种各样的旅程告诉我们，北极从来不是一个完全孤立的地方。只有将它与地球联系起来，作为一个地理系统而言才有意义。对于这本书来说这是一件好事，因为历史时期很少有试图到达北极的探险能够实现。20世纪之前的历次探险都以失败告终。但幸运的是，对于主人公及支持者来说，他们的表现越来越好，在极地探险过程中他们确实离极地越来越近了。

在人们踏上北极附近之前，工匠和实验人员就已经开始了研究，他们可以通过制作地图和地球仪等模型来了解北极。对于文艺复兴时期的工匠而言，模型是一种非常重要的数学或哲学工具，我们将在第二章中详细了解。伟大的思想家通过在自己的工作室中制作图表和其他稀奇古怪的工具，首次将北极握在手中，并观看地球仪上的北极以及其他地方，就像从空中俯视北极一样，仿佛开启了上帝视角。第一章中的大部分内容讲的是人们用巧妙、聪明、娴熟或错误百出但却很有见地的方法来观察北极。

从上方俯视北极不仅意味着北极的方位确定了，还意味着将地球视为了一个整体，一个广阔宇宙中的一部分。亚里士多德以后古希腊天文学家认为，地球完全静止在宇宙的正中心，所有的行星都以一个完美的顺序绕着地球移动。北极星高高悬挂在天上，几乎位于地球正上方，一条巨大的轴从北极星处向下延伸，穿过南北两极以及地球的中心。古代占星家致力于探寻天空与地球运动之间的和谐。任何一个称职的古代占星家都会警惕星座和恒星的结合，并提前预示危险。因此，地理北极的重要性首先源于天体北极及其极星，而我们对地球纬度和经度网格的知识是从绘制天界地图中得到的。没有天极，地理极就毫无意义。这些极点共同定义了宇宙的排列，因此它们是独特且必不可少的。

对于希腊和阿拉伯的天文学家来说，极点是整个宇宙结构的核心。没有极点，就不可能有地理环境，也根本不会有导航定位系统。生活在 21 世纪，得益于强大的航空技术和遥感技术，我们习惯于从大气层和外层空间的高处看地球图像。而对于像康德这个时代的启蒙哲学家来说，人类的活动空间被限制在地球表面，人类就像蚂蚁一样，因为离地球表面太近而无法摆脱视野的限制。在第三章中，我们将发现北极在一些重要的创新中发挥了关键作用，这些创新发展了航海工具让人类得以在地球表面自由移动。因此，北极是解锁人类定向这个基本

问题的关键——北极让人们随时知道自己在哪里，朝什么方向前进。

尽管我们的前辈付出了巨大的努力来绘制精确的地球地图，但在公海航行的人还是会时常迷失方向。在历史上，航海一直是一门艺术，航海发展了技术和工具，使我们在迷失方向时能找到出路。只有在过去的40年里，全球定位卫星（GPS）才使我们认为，当我们穿越冻土带或海洋时，我们总能准确地知道自己在哪里（只要有一个清晰的天空视图和一个带充电电池的卫星接收器就可以做到）。历代航海的秘诀是知道自己的位置与其他已知位置的关系。当我们无法明确这种关系时，我们就会迷失方向。指南针通过地磁北极吸引磁针南极来帮

所有其他恒星都绕着天体北极这个点旋转。随着岁差的增加，夜空中恒星的位置实际上会随着时间的推移而改变，而离这个中心最近的恒星，即极星，也会改变位置。在这张近期图片中，极星即指北极星

助我们知道我们相对于磁极的位置，但地理北极却阻碍我们获得相对位置。北极不是宇宙中一个固定的地方吗，就像天上的北极星一样，它本身是绝对固定的吗？因此，它难道不应该独立存在，以免造成人们对方向的迷失吗？这是我们将要回答的问题。

　　研究探险的史学家非常清楚航海日志，特别是高纬度地区的航海日志，记录了很多迷失方向和遇难的案例。这不是偶然或巧合，一个古老的典型例子，罗盘——这个指示方向的仪器，在高纬度一直未能提供可靠的方位。在经线的交汇点确立地点和位置，困扰着像赫拉尔杜斯·墨卡托（1512—1594）这样的地球仪制造者，和皇家学会成员托马斯·詹姆斯（1593—1635）这样的航海家。直到 18 世纪下半叶，人们才发明出一种误差在可接受范围内的方法来计算船只在海上的经度定位。甚至在那之后，地理极点的性质及其对应的磁极的磁性来源仍然是个谜，目前我们还完全不清楚磁性是一种力还是一种从两极、地球内部或其他地方流动而来的流体。

　　之后探讨的悖论是，正如哲学家或科学家发现如何绘制两极地图一样，他们还发现两极并不仅是地球表面的两个点。磁学和极性的发现完全颠覆人们对两极的思考。在一个只有一个极点的地方，伊丽莎白时代的实验主义者威廉·吉尔伯特（1544—1603）发现了多个极点。在极点被断定位于地球表面的地方，人们发现极点似乎是从地球内部或其他行星体发出的。新的仪器设计可以

在这张延时摄影照片中，恒星似乎围绕北极星旋转，2010 年

越来越精确地指向北方，但人们反而越来越不清楚它们指向的是什么！

年轻时一心想到达北极并征服北极的探险家——南森（1861—1930）、皮尔里（1856—1920）、诺登斯基尔德尔德（1832—1901），他们后来成为极地历史学家。本书中，我们将看到他们是如何成为历史学家的，并将自己和个人自传宣传成整个西方科学和文明的故事。这些历史试图揭开笼罩在时间迷雾中的北极面纱，回到一个消失的伊甸园时代。神秘主义者和乌托邦主义者走出欧洲，寻找人类起源的故事。一些传统故事给了神学家和神秘主义者灵感，他们声称对北极或北极附近一个消失的雅利安国家有着隐秘的了解，雅利安人民随着极地冰盖的到来而逃离，并定居在亚洲和欧洲的北部大陆上。对于讽刺主义者来说，乌托邦理论和关于地球隐藏力量的宏大理论，也是可开玩笑的对象，他们笑话那些渴望统治北极的人的兴趣，嘲笑他们的自命不凡，嘲弄他们的名誉，以此来刺破极地的神秘感。讽刺是否可以被合理地认为是日常哲学的一个来源尚有待商榷，但是在这本书中变得清楚的是，讽刺是一种有价值的，甚至必不可少的手段，它公开了一些难以回答的问题，这些关于北极的问题如果以权威的方式讲出会有危险。

那些熟悉极地历史的读者将会注意到，这本书中有很多重要的极地探险家，不管男女，不论种族，几乎没有在本书中被提及。例如，乔治·纳雷斯、卡尔·维泼莱西特、所罗门·安德烈、沃尔特·威尔曼、马修·汉森、伊凡·帕帕宁、沃利·赫伯特、威尔·史提杰、利夫·阿内森、安·班克罗夫特和潘·哈多等成就非凡的探险家。这本书很短，很难把他们囊括进去，但他们依旧很重要。他们只是极少数人，因为他们，北极成为反映人类居住在地球上状况的一个信息来源。他们思维的多样性和他们为极地旅行做出的巨大贡献一样重要。尽管他们的功绩在这本书中未被提及，但我仍愿意将他们视为几个世纪以来哲学对话的代表，这些对话是北极故事的核心。

第一章　俯视北极

　　令人惊讶的是北极对世界很多文明都相当重要；之所以令人惊讶是因为北极竟然与欧洲科技革命关系密切。在欧洲，无论是王子朝臣还是商人，大家都认为地球的几何形状是一个球形，这种世界观的形成，应归功于古希腊晚期亚历山大城的天文学家托勒密，在他的设想中，宇宙是完全对称的，宇宙之外有好几层外壳，地球处于宇宙中心静止不动，从地球向外有一些行星和恒星在各自的轨道上绕地球运转。在托勒密的模型中，地球的北极位于宇宙的中心轴上，正好位于天极之下。按照惯例，夜空中最靠近天极的星星被称为"北极星"或"极星"。因为其位置恒定且属性独特，北极星不仅在欧洲甚至西方科学史上有着重要的地位，在其他文明中也是极其重要的。

　　本章将探讨北极星如何影响两个截然不同的文明，北极高地的因纽特文明和古希腊文明。人们可能期待在一个认知水平较低的社会与一个认知水平较高的社会之间找到一个鲜明的对比。尽管这两个文明对北极星的认知有些许相似之处，但也存在差异，在一定程度上，这些差异对于这两个不同文明的人理解北极产生了深远的影响。在大多数社会中，在空间上进行自我排列和自我组织的能力同时也是将人和文化与夜空联系在一起的能力。星座是星星的排列组合，它们将人类文明中有意义的数字和故事相连接，为夜空中的恒星运动添加了更多的形状、赋予了更多的含义。我们将看到，北极地区和地中海地区的人民对星座的划分有着明显不同，这反映了他们对星座有着不同的用途和不同的理解。

　　北极星与其他所有恒星都不同，因为它相对而言是固定的，而其他所有恒星似乎都围绕着极星做周日运动。对于北极高地的因纽特人来说，北极星本身并不是特别重要，因为北极星在天空中很高的位置，几乎位于他们的正上方，人们很难跟随北极星，这使得北极星对于导航和定位没有什么实际意义。相反，对导航和定向最有用的是那些靠近地平线且绕极轴不断地旋转的恒星，而因纽特人的传说正是在这些较低海拔的"天标"上发源的。从这种差异中可以看出，实践与哲学之间存在着深刻的区别，两者各有其重要的意义。哲学上的差异源于人们对世界的不同看法。

　　信任，是另一个容易被忽略的细微方面。为什么一群来自特定文化的旅行者会将自己的生命寄托于一个基于北极星的定位，这看上去很奇怪。实际上，为什么他们应该相信固定不动的北极星，指向了另外一个差异。

传统上，因纽特人的社会是由几代同堂的大家庭构成的，他们可以快速而灵活地在各个营地之间移动，以便靠近生计所依赖的动物，因纽特人更加信赖低海拔星座，他们赋予这些星座更多的文化含义。相比之下，古希腊人和早期的现代欧洲人更关注北极星，因为它在夜空中的固定而崇高的位置成为从亚历山大大帝到查理五世（哈布斯堡王朝、西班牙和新世界的国王，曾一度声称统治着一半的地球）几代帝国统治者的天文标志。对于这些皇帝来说，这颗恒星是他们世俗力量及天上权威的重要象征。

对于因纽特人来说，"sila"一词包含天空、天堂和空气的意思，这个词和他们的具体生活息息相关。天空中纵横交错的星星和星座是"sila"的一部分。它们在夜空中的轨迹画出了一条条路线，这些路线连接在一起形成一个精确的网络图，就像因纽特人穿越冰原的路线图那样。在这个世界上，路线不仅连接人们居住的地方，"在路上"本身就是在家的另一种方式。因此，了解因纽特人文化中的运动对于理解整个宇宙的各方面都至关重要。在因纽特人的世界中，某些恒星，无论是单独出现还是按星座排列，都为他们提供了天标（如地标）和步道标记，帮助他们在苔原上或穿越冰原时找到方向。

"连通性"是贯穿因纽特人社会的一种性质，它既具有地域性又具有情感性。正如它将人和地方绑在一起一样，夜空也构成了这种紧密联系的矩阵的一部分。为了安全健康，人们需要对自己的环境有确切的了解。地点词汇要求学习陆地、海洋、冰层和夜空上的数百个地名。当猎人或家庭穿越冰原或陆地时，他们会使用连续又不断变化的地平线来重新定向。地平线的形状和纹理随着时间和空间的变化而改变，具体变化取决于天气条件、一天中的时间或天气、季节，以及特定位置的视野。解码变幻的水平线的形状取决于学习稳定不变的地标及其相应的地名。就像我们很快将看到的那样，北极星就是这样一个地标，只是它的海拔比较高而已，因此用"天标"这个词形容更贴切。

在一个路线系统中导航所需的知识被巧妙地融进故事情节中。一般来说，年轻人会仔细听一位有经验的旅行者的话，然后记住他们对旅程的描述和所有路线的细节。有时，路线的故事可能会涉及神话故事或者以传说的形式出现，这些神话或传说可能赋予路线意义和形状。类似地，一个神话描述了一个可以在夜空中追踪到的星座的轨迹，那么这个神话就解释了这个星座的运动轨迹。然而，我们不想把这些神话看作另一种形式的地图，

佩恩古特·彼得卢西是加拿大庞德湾地区一位杰出的因纽特人长老，她在 2011 年回忆并记录了她们一家在这片土地上安营扎寨的主要路线。像佩恩古特这样的因纽特女性游历了数千公里，对自己的领土了解颇深

我们想要记住因纽特旅行者使用的是一种移动的参照系，随着他们自己的移动而变化。如果从人、动物和灵魂在交叉或相连的轨迹系统中流动的角度来思考因纽特人的世界，人们就会开始更好地理解恒星在其导航传统中的形象。

千变万化的星迹网络覆盖着广阔的夜空，人们通过了解星座的精确运动而掌握了这片星际网络。这同样适用于因纽特人的路上风景，这些路上风景覆盖大片的陆地、海洋和冰层，但被编码为非常精确、紧密编织的地点、路和人。北美洲北极地区的因纽特人的《因纽特人足迹图集》向人们展示了一个既广阔又亲密的空间，因纽特人的足迹连接了遥远的阿拉斯加和格陵兰岛。对于冰原上的人们来说，足迹、地平线和地名都写在世界的轮廓上。

因纽特人的世界范围广、规模大，这意味着不同的因纽特人因其所处的纬度不同，看到的夜空景象也不同。因纽特人居住在三大洋（大西洋、北极和太平洋）的海岸上，横跨几乎 25 度的纬度——从 55 度（拉布拉多海岸）到大约 80 度（格陵兰岛西北部和加拿大北极群岛）。在这片广袤的土地上，陆地的地形、海冰的形态，以及人们的方言和词汇，形成了非常明显的对比。但尽管存在差异，因纽特人的世界仍然由一些故事连接在一起，这些故事包含复杂的地方知识，是亲密的、详细的和关联的。

因纽特人口头传承的知识可以追溯到多少世纪以前，目前仍然尚无定论。然而，研究人类历史迁徙的考古学家记录了一些连续的迁徙浪潮，这些迁徙与其他文明的航海发展是同步的。阿拉斯加和加拿大的高纬度北极地区，经历了一系列的人口迁入，人们从亚洲或格陵兰岛迁入。公元前 700 年左右，一些人迁移到格陵兰西北部，这与安纳托利米亚西海岸城市米利都的希腊先驱哲学家们出现的时间大致相同。比这个还早的是公元前 2400 年的移民，这次移民发生在克里特岛米诺斯文明（约公元前 2000 年）发展前的几个世纪。因此，格陵兰岛北部游猎采集部族的聚居，就像克里特岛早期的米诺斯人的聚居一样，是海洋文明发展的产物。在这大约两千年之后，希腊天文学家希帕科斯和托勒密在全球范围内基于纬度和经度奠定了人类的基础世界观。

对因纽特人恒星传说最详细、最可靠的研究来自加拿大北部的伊格卢利克（68°N），那里的一个老年人协会与人类学家约翰·麦克唐纳密切合作，《北极天空》（1998）一书的作者记录、编撰并深刻反思了他们对天体中主要恒星的认识。北极星（希腊天文学中小熊星座的一部分）位于大熊星座（因纽特语 Tukturjuit，意为北美驯鹿）之上。对于因纽特人来说，最重要的星座是天鹰座（因纽特语 Aagjuk，意为两道太阳光标志着冬至黑暗时期的结束）和大角星和织女星，它们都被广泛用于某种形式的定向。

埃米尔·伊马鲁伊图克，伊格卢利克的一位老人，正在训练他的狗队（1988）

即使因纽特人的传统知识中没有"北"的概念，但北极星作为一颗固定的恒星是重要而又特殊的，对定位很有用。因纽特语中事物的名称和含义因方言而异。在魁北克北部，"Turagaq"的意思是"要瞄准的某物"，指的是它的方位值。在伊格卢利克，"Nuutuittuq"也被广泛应用，它的意思是"永不移动"或固定，表示天空中静止和永恒的东西。伊格卢利克的因纽特人在多大程度上受这颗恒星的引导，涉及一些在地理中微小但又重要的事。

在营地过夜后出发时，"Nuutuittuq"特别有用。天气的变化，如暴风雪，可能会在一夜之间完全改变地标的外观。一场降雪可能会覆盖道路，风向的变化可能会改变导向雪堆的轮廓。因此，一位名叫帕尼帕克图克的猎人解释说，当他们和考古学家格雷厄姆·罗利一起旅行时，他们会在睡觉前在地上插一根指向"Nuutuittuq"的棍子，并在早晨出发前用它来恢复方位。从正确的方向出发，猎人就可以按照常见的方法，利用风、雪堆、地标和现有的轨迹来定位。

知识常常被分享并代代相传，定向也可以通过耐心观察和好奇心来学习。长者亚伯拉罕·乌拉朱鲁克回忆说，他曾经做过一个简单的实验，以满足他对一颗似乎固定在夜空中的恒星的好奇心。一天晚上，在他上床睡觉前，他把"一根鱼叉轴直接指向这颗恒星，看它是否真的会在早晨到来时移动"。他发现，当"Tukturjuit"（意为北美驯鹿或大熊星座）完全改变了它的位置时，鱼叉仍然指向这颗恒星。考虑到这一点，他得出结论说："我发现了静止的恒星——Nuutuittuq！"

在夜间迷路的情况下，北极星是可以救命的。赫伯特·阿马拉里克曾说过，"在移动的海冰上航行是十分危险的……尤其是当冰面破裂并被海浪冲走时"。很多人在这种情况下死去。这时，专业知识、判断力和耐心就成了生存所必需的。在大多数情况下，人们利用盛行风来测量方位，而如果这时盛行风消失了，人们就会发现北极星有多重要了。这颗固定的恒星能够确定陆地的方向并带领人们安全地返回陆地。这样的案例并不少见，因此北极星在生死存亡之际有着至关重要的作用。

这些训练有素的狗有一种出色的能力，他们知道冰面的状况，且可以在负重的情况下在冰面行走很长的距离（伊格卢利克，1988）

相信变幻的夜空

如果雪橇队出发时朝着正确的方向前往目的地，那他们只需保持航向不变，这时位置固定的北极星就不再那么有用了。当驾驶狗拉的雪橇时，在驾驶员视野范围内的星星才有用，因为抬头或转头看星星会分散驾驶员的注意力，不利于他们关注前方路况。使用这些星星来导航代价太高，因此这些星星无法得到更多的利用。对于因纽特人来说，因为北极星在天空中的位置太高，远远高于地平线，因此不适合指引方向。伊格卢利克位于北纬 70 度，处于北极的外缘。在低纬度地区，通过北极

11 月某天中午的海豹狩猎之旅。冰面上有雪橇滑
过的轨迹，柔和的光线照出了细节和纹理

星来指引方向是可以实现的；北纬 70 度以北，北极星的位置太高了，通过它获取方位困难又不切实际。例如，在格陵兰岛的西北部，罗伯特·皮尔里为探索北极而在此建立了基地，在那时，北极星是不知名的，几乎没有人知道它。对于伊格卢利克的乔治·卡帕尼亚克来说，就算他认为 "Nuutuittuq" 是 "sila"（天空）的中心，但他也不可否认，在高海拔地区，北极星的作用非常有限。因此，固定性和中心性，这两个属性将会在后面的章节被揭示，这两个属性对因纽特人来说没有什么实际意义，但在西方天文学中却十分重要。因此，因纽特人没有关

因纽特人的天文学知识，来自一个举办多年的传统知识项目，该项目由因纽特长老领导，由伊格卢利克社区研究中心主办

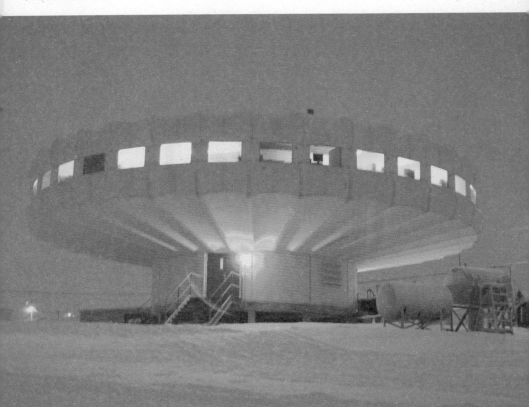

于北极星的传说或神话流传下来。

即使在使用"Nuutuittuq"这个单词的地方，太阳、月亮和其他恒星也同样重要。我们从在伊格卢利克的工作中可以清楚地看到，因纽特人对于一些恒星和星座，有非常丰富的传统知识，他们知道这些恒星和星座在天空中的季节性移动、升起和落下。他们通过故事来学习一些恒星的运动，这些故事解释了宗教关系，传递了历史，这些历史将他们的旅程与天空紧密地结合在一起。这有助于人们知道在哪里寻找星星，并在夜空中追踪它们的轨迹。

一个关于大角星和织女星之间关系的故事很有启发性。在伊格卢利克有一个关于谋杀和复仇的故事，这个故事生动形象地展现了广阔夜空中星轨密布的网络。一个名叫乌图卡卢阿鲁克的讨厌的老人杀了他的姐夫，他不想让周围人知道这个秘密。他以取笑别人为乐，当他看到和祖母住在一起的孤儿伊利亚尔久加尔朱克时，他嘲笑这个孩子，叫他吃他死去母亲的尾骨肉。男孩告诉他的外婆，外婆知道老人的秘密，并鼓励男孩杀了这个老人。尽管男孩既害怕又不情愿，但他依旧照做了，但不幸的是，他被老人围着他的雪屋追赶。男孩的祖母金古力克（或金古力亚鲁克）追着去救他，但赶到现场太晚，没能抓住和男孩一起逃跑的老人。据说他们三个升上了天空。老人和男孩成为双星大角星（由大角星和墨菲星组成），而在他们后面追赶的祖母是织女星。在这个故事中，复仇是无可避免的，这场宿怨永远是由两颗最亮的星星——大角星和织女星，在夜空中上演的。

大角星和织女星的故事很好地阐述了因纽特人宇宙论的关键特征。暴力和复仇的道德观将这些恒星锁定在永恒的运动中，使它们在夜空中的轨迹和位置被当作时钟，在黑暗中显示时间。这个故事是从忠实的男孩和他的祖母面对老人的背叛而展开的，它成为天文定位最可信的来源之一。

高耸入云的帝王星

对因纽特人来说，静止的"Nuutuittuq"（北极星）没有特殊的玄学意义。这与古希腊人、中世纪阿拉伯人和文艺复兴时期天文学家的古代宇宙学形成鲜明对比，令这些天文家庆幸的是，天极位于宇宙中轴线上，所有天体都围绕它旋转。20世纪，被称为极地探险的"英雄时代"，这个时代的探险家们精通宇宙学。即使他们知道地球绕太阳运行，而不是太阳绕地球运行，地球两极的象征性力量仍然保持着其宇宙地位，两极作为一个纯洁又独特的地方值得人们尊敬。从这个意义上说，英雄时代的探险家是古代宇宙学家的追随者，他们从神秘主义或伦理的角度理解北极，并认为接近地理北极是接近神圣天堂的固有体验。

与北极联系最为广泛的一个名字是皮尔里，他于

1909 年 4 月 6 日建立了杰苏普营地，他声称杰苏普营地位于北极 8 千米范围内，皮尔里宣称自己到达了北极。在皮尔里返回美国时，他先前船上的外科医生弗雷德里克·库克与他反目成仇，库克说自己在 1908 年就到达了北极，比皮尔里早。一场激烈的争论接踵而至，并持续了许多年，这两个人都尽力抹去自己的黑历史，并企图战胜对方。在这种情况下，这两个人物看起来是负面的，这就让人们很容易忽略他们深刻的内心世界，即使他们的内心世界是有缺陷的。

历史学家迈克尔·罗宾逊鼓励我们记住皮尔里时代的极地探险家，这些探险家刻意为媒体和公众树立了一个充满阳刚之气的英雄形象。在巡回演讲会上宣传并筹款是十分重要的，来自报纸和其他媒体的赞助，在组织探险活动中发挥了首要作用。皮尔里把自己塑造成一个粗犷、独立又散发出男子气概的人。在一个人们对城市化进程快速发展而感到焦虑的社会里，社会对男子气概感到怅然并有着强烈的怀念，这与一种不受社会过度改良束缚的原始意识相联系，在这样的社会里这种男子气概对读者有很强烈吸引力。正如地理学家卡伦·莫林所观察到的，这种男子气概吸引了皮尔里的支持者，特别是富人，美国地理学会主席、商业大亨查尔斯·戴利为推广皮尔里做了很多工作，他知道这一时期的极地探险体现了公民对男性气质的强烈需求，这有助于我们理解皮尔里对北极的信念，尽管，皮尔里对北极的信念毫无疑问是发自内心的，但在某种程度上是为渴望看到纯洁英雄和苦难故事的观众而编造的。

皮尔里认为，北极星本身及其与地球相关的部分具有绝对的纯洁性和神圣权威，但是这种哲学想法在因纽特人看来是荒谬的。大角星和织女星在夜空中亮度极高，因而被大多数训练有素的导航员熟知。皮尔里曾在缅因州鲍登学院攻读土木工程学位，并培养航海的专业技能。北极夜空的星座（在冬季可见时）对他来说就像一本打开的古代神话书。他用想象力塑造了大角星和追逐大角星的织女星之间的一个星座——巨大的赫拉克利斯（倒置在天空中），它的脚高高地插在夜空中，永远环绕着北极星。在定义赫拉克利斯的形象时，他只是按照古希腊人的传统，做了他之前的皇室人物做过的事情。

帝国想要获得普世权威，通常需要通过对艺术、语言和神话的征服和殖民。正如皮尔里所说，主张拥有北极与获得普世权威之间是关系密切的。在到达极点后，思考安泰乌斯的主题时，皮尔里承认，"这些地球最偏远地区的坚定守护者在经受最严峻的考验前，不会被任何人所征服"。这场赫拉克利斯的考验，是把北极五旗中间插上星条旗的行为合法化了，这是一场爱国主义的表演。用皮尔里的话来说，"我昏庸的同伴"见证了"占有整个地区和邻近地区"的仪式。

皮尔里认为航海能力的高低可以衡量一个帝国国力强盛与否。因纽特人的天文学知识与认出北极星的"阿拉伯牧羊人"一样，积累得很不好。皮尔里将因纽特人和阿拉伯牧羊人相比绝非巧合。北极雪景和贝都因沙漠景观之间有惊人的相似之处。最有经验的旅行者意识到，雪的景观和沙的景观——雪堆和沙丘，都是由盛行风形成的。在一定程度上，与风类似的天气现象也可以用于塑造雪景和沙漠景观，还可以设置路线或者抓捕熊。因此，因纽特人猎人和贝都因人牧羊人之间的比较具有一定的逻辑性。

讽刺的是，在皮尔里的眼里，生活在纬度如此之高、几乎靠近北极的地方，因纽特人的恒星知识似乎比他们南边的人更匮乏。皮尔里观察到，与地中海地区的游牧民族不同，因纽特人"既没有注意到其他所有恒星围绕着一颗恒星运动，也没有将行星与恒星区分开"。即使因纽特人能通过星星的运动来准确地知道时间，但未能识别出北极星，本质上意味着因纽特人，只是他们生活的地区的统治者，而不是整个地球的主人。

尽管皮尔里关于帝国的假设最终被证明毫无根据，但这个假设对于了解他对北极意义的思考很重要。他的"极地文化"指数的判定标准是为了区分导航知识和导航科学。导航是一种通过身体和感官与周围环境建立关系来寻找道路的经验方法，而科学的导航则遵循一套更为基于规则的方法，即观察法、理性计算法和测量法。两者都是探索中的关键技能。因此，皮尔里在北极导航的学徒生涯中，与因纽特人的专家们一起工作，学习通过

阿尔·苏菲在《星体位置》一书（约1010）中绘制了小熊星座。这张表列出了星体的名字和位置

雪堆形状、变幻的风、海冰和冰脊的纹理和颜色等来获取隐藏的含义。除此之外，与牧羊人从陆地表面和沙漠景观获取隐藏含义相类似，水手们通过学徒和不断练习观察海洋和天空而获得隐藏含义。在所有这些文化中，导航技能的全部本领包括命名、识别和使用恒星、星座

和行星。如果皮尔里使用来自低纬度地区的因纽特人向导，他可能会对他们评价更高。

皮尔里科学导航的成就是他所继承的，或者更准确地说是借用的，从实用数学、仪器制造和天文学这些近现代学科中借用的，这要归功于天文学家亚述和希腊、印度、阿拉伯文明。从这个意义上说，皮尔里对北极的帝国视野是建立在希腊和阿拉伯的全球地理系统的基础上，这个系统是以天文学为基础。他对因纽特人星传说的傲慢态度，只因他相当依赖他们的环境知识、航海经验以及因纽特人对他和他的美国旅伴的热情好客而稍加缓和。需要记住的是，阿拉伯天文学家在中世纪天文学的发展中起着至关重要的作用，这些知识最终为欧洲文艺复兴时期的天文学家奠定了基础。像苏菲（903—986）这样的著名阿拉伯天文学家都对贝都因人十分感激，因为他们命名了许多星星，创作了很多传说故事，这些名字和传说在阿拉伯和以后的欧洲天文学界流传许久。因此，传统的导航知识不断地为天文学的发展提供信息，同时被虚化或边缘化为一种无关紧要的地方知识。

因此，在冬天的夜空下，当皮尔里站在格陵兰岛北岸凝视着极地方向时，他充分意识到，他渴望站在北极星正下方。尽管是在白天，但他设想有朝一日能站在北极，这是一种哲学想象的行为。北极星只是看起来是固定的。实际上，夜空总是在发生细微的变化，它的周期持续了大约 26 000 年，希帕科斯以来的天文学家将这种现象定义为"岁差现象"。实际上，这意味着在历史上的某些时刻，地理北极正上方的夜空被不同的恒星占据，在某些时刻，北极上空根本没有星星。1900年，北极星几乎处于天顶，直接位于地理北极之上。

过去和将来，任何恒星都有可能有幸成为离北极最近的恒星。在金字塔建造的时候，离北极最近的恒星是图班星；8 000年后，离北极最近的恒星先是天津四星，最终是织女星。直到最近几个世纪，北极星才是离极轴不到一度的最接近北极的恒星。事实上，在几千年的时间尺度上，没有任何一颗恒星的位置是固定不变的；相反，人类的深层需求是寻找位置不变的固定参照点，而不是寻找参照点本身。

确定谁到达了神圣的极点，最终取决于专家意见和公众态度。他们将对一个关键问题做出裁决。判定罗伯特·皮尔里或他的非洲裔美国旅伴马修·汉森曾经去过北极的标准是什么？皮尔里的哲学目标——站在"地球的北极轴"上，几乎不可能得到证明的，除非误差幅度在16千米（10英里）以内，而在移动的海冰上使用仪器测量太阳高度是有难度的。由于探险队的等级制度和种族原因，汉森也有权宣称最先发现了北极。今天，马修·汉森的成就，以及因纽特的伊塔基地的成就，与皮尔里的成就一起受到人们的赞扬。

古希腊人眼中的北极星

北极的空间界限，即北极的起点和终点，并不像人们最初想象得那么好定义。当然，北纬90度很容易被精确的定义。但是这个问题有两个模糊之处。在过去的两个世纪里，北极被普遍用作，或被普遍误用，为向北进入高纬度地区的航海旅行记录增添色彩。

随着时间的推移，引起轰动的展览、出版商、乐器制造商、地理学会和探险家们自己都改变了目标。这个词的滑落反映了人们在极地探险的建设、争论和庆祝活动中的不同兴趣。从政治角度讲，北极的概念与各国建立帝国和殖民北极的愿望产生了共鸣。

当皮尔里到达他认为是北极的地方时，他相信他有权代表美国占领北极周围的整个地区，尽管美国总统威廉·塔夫特另有决定。因此，北极作为一个区域或偏远地区，给它划定边界，具有深刻的历史意义，北极边界的变化反映了国家建设和帝国观念的变化。不管谁先到达北极，不管结果是否真实——这说到底是证据的标准和科学仪器的精确性的问题，这两个问题也与民族主义和国际竞争这些政治问题息息相关。为了理解以科学和民族主义的名义主张北极所有权的问题，我们必须一心两用，既要关注北极本身，也要关注有人居住的温带地区，在那里，航海家和他们的赞助人计划、执行并最终做出地理发现的判断。读者将在接下来的章节中看到，北极在地球的地理想象中占据了非常特殊的位置。

为了更好地了解北极的历史，回溯两千多年前的古希腊晚期会对此有帮助，那时没有人能够航行到北极。随着欧洲北部边界向北扩张到一个叫图勒的神话般的地方，这个地方是世界上最遥远的人类居住地，人们对这里产生了浓厚的兴趣。边界的定义是地理的界限或边缘。古希腊的口述传说提到过，地中海的西口建造的赫拉克利斯柱，是适宜人类居住的地中海地区和远处深不可测的海洋之间的边界，赫拉克利斯柱是古代世界的奇迹之一。公元前 325 年，皮西亚斯去往图勒的航行，将已知的世界边界进一步扩张到了更远、更北处。托勒密将此地标记为北纬 63 度左右，到 19 世纪末，图勒归属于冰岛、挪威和设得兰群岛。它代表欧洲北方帝国的扩张和想象力的极限。这个著名的探险队实际上是在公元前 4 世纪从当时被称为马西利亚（马赛）的地方启航的，马西利亚是一个繁荣的地中海港口，它在罗马与其盟国之间建立了一个完善的贸易网络。从高卢内陆向南运送的商品经过马西利亚，在那里，货物被装船运往其他地中海沿岸城镇和转运口岸上。

如果没有流传下来的希帕丘游记（航行方向）的研究记录碎片，天文学家和航海家皮西亚斯将被我们遗忘。在皮西亚斯的时代，对于导航员来说，没有任何一颗恒星像北极星一样，如此接近穹顶。人们认为他提出的解决办法既实用又精明。他利用三颗离天极较近的恒星，有趣地将它们描述成四边形的形状，而不是人们想的三角形。天极的位置被描绘成或想象成并不存在的第四颗星，这颗星构成了四边形的一角，通过四边形的几何形状投射出并不存在的第四颗恒星。通过测量四边形中三颗恒星中的一颗的高度（角度）来确定北极星的位置，使皮西亚斯能够知道他所处的大概纬度。

似乎自相矛盾的是，以擅长远程航行而著名的文化，需要大量的实用知识和技能，但却使用了想象中的恒星位置和恒星的轨迹。例如，在密克罗尼西亚的某系统中，导航者想象自己是静止的，而恒星和星座的运动轨迹则在地平线上上升和下降。这也许并不奇怪，因为将天与地合并到一个不断变化的空间框架中，并用此来导航，是非常复杂而又抽象的。在热带纬度地区如密克罗尼西亚或波利尼西亚看到的极星在地平线附近很低的位置，当它消失在地平线下时，它可以被当作罗盘或位置指示器。

这种空间系统，无论在新手看来是多么短暂或基础，都不能凭空形成；海洋社会催生了远离海岸线的远距离航行传统（包括腓尼基人、希腊人、美拉尼西亚人和因纽特人），数百年来，他们耐心地积累了观察所得的天空中天体运动的经验。这些文化还具有伟大的口述历史传统，用以编码天文观测和相应的导航规则以及导航技术，使它们便于携带，并为海员提供导航手段。

赫拉克利斯柱出现在
一个 10 世纪盎格鲁
撒克逊地图上

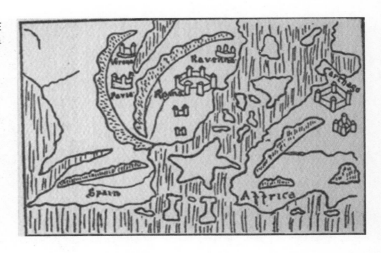

对于古希腊这个航海民族来说，天界是在星空的运动中发现的，天界是真理最为重要的可靠来源。托勒密把天文学描述为"自给自足的东西"，意思是它的权威不取决于人类或其他系统。天空的运动是真理的独立来源。在他看来，这种自主性使它成为"最崇高、最可爱的智慧追求"。研究天空使他更接近神；换句话说，托勒密的天文学是一项符合个人追求和社会道德的事业。这听起来似乎很奇怪，但它是一种批判性的洞察力，因为它使我们能够理解为什么托勒密认为，天空的两极（天球和黄道）是一个完全可靠的真实知识来源，其他恒星可以据此被测量和定位。

托勒密认为天极位于地球和宇宙的中心轴的延伸处，该轴与地球的最外层相交。天极直接位于地球的地理极之上，这一点对这个故事最为重要。但是，地球的赤道或自转平面，与地球绕太阳公转的平面成一定角度。另一种思考方法是想象在托勒密的系统中，地球是静止的，根本不旋转，黄道是太阳在天空中走过的路线。黄道面有自己的极（黄道极）。托勒密认为可以通过测量恒星与黄道极的夹角来确定它们的位置。因此，夜空的星图和球状星图传统上是以黄道极为中心参考点制作的。

　　托勒密的伦理学可以通过多条线索追溯至古代早期哲学家，尤其是 5 世纪早期的柏拉图。在《蒂迈欧篇》中，柏拉图曾论证过天体是神，它们拥有一种力量，创造了宇宙中其他所有的生物。他在《厄庇诺米斯》一书中提出了一个稍微不同的论点，他观察到由于恒星不会偏离它们的轨道，因此它们的规律运动中存在着智慧。对托勒密来说，只有天文学才能知道"这些生物的属性一方面是感知、运动和被运动，但另一方面是永恒和不变"。因此，他作为天文学家的工作是一种神圣的召唤，在那里，神圣被理解为球形物体运动的秩序原则。在讨论托勒密的地图绘制工作时，他的道义常常被忽视，人们更关注经纬度的数学投影。他非常重视天文学，他认为数学是道义上的钥匙，用来打开大门使他更接近天神。与数学无关，托勒密更喜欢讨论天体的神圣性及其与古代神明的联系。天文学的工作内容是描述天空的规则运动。了

在这幅精美的 15 世纪 "星盘挂毯" 中，处于中心位置的极星被以星盘形式出现的星座包围，星盘是中世纪最重要的航海工具。右边是天文学家希帕丘和诗人维吉尔，宝座上坐的是哲人

解他们的行动，以便人类能够相应地安排他们的事务，而这需要研究它们之间的和谐运动，这是一种道义上的工作。托勒密把恒星的和谐运动比作 "在舞蹈中手拉手围成一个圈，或是在军事表演中人们围成一个圈，互相帮助、齐心协力而不发生碰撞，以免互相妨碍。"

　　只有了解了天体和黄道极点，人们才能理解地球的北极以及托勒密在制作世界地图方面做出的伟大贡献。绘制地图的目的是为了根据亚非欧贸易路线上的不同的种族、不同的国家，绘制已知的人类居住的世界，并对其进行测量和记录。这意味着用纬度（平行线）和经度（子午线）的数学度量来显示真实比例和位置。子午线实际上是与两极相遇或穿过两极的大圆线。没有两极，就没有子午线。这就是为什么托勒密解释说，"首先要研究的就是地球的形状、大小和它在天空中的相对位置"。用于此目的的经纬度系统来自天文学。

地理北极在绘制世界地图的第二阶段中也发挥了关键作用，它被用于确定组成世界地图的国家相对于整个地球的正确位置。在两个地点观测月食，并分别记录下两个地点观测到月食的不同时间，可以确定地点的经度，但这种天文观测是罕见的。纬度可以相对容易地用极星的高度来测量。托勒密抱怨说，在过去的 3 个世纪里，"只有希帕求斯记录了……北极的几个城市的海拔……以及位于同一纬线上的一些地点的海拔"。

地理北极位于天空中的天极之下，是所有子午线的交汇处。在托勒密的宇宙学中，天极位于宇宙的轴上，所有其他天体都围绕着它旋转，从这个意义上说，这是对的，即使附近没有北极星出现。地球的北极也位于这条天轴上，所有的子午线都在那里会合。然而，在托勒密的宇宙学中，地球被认为是静止的，不旋转的，从这个意义上说，地球有两极，但没有极轴！因此，对托勒密来说，北天极是宇宙中具有真正意义的一个点，而地理北极只是宇宙轴上一个或多或少的点，它主要对世界地图和地球仪这两个近代发明有贡献。

北极也与创造一种不同的地图空间有关。"有人居住的世界"以外的空旷的海洋空间，即托勒密划定的北纬 63 度的图勒以外的区域。希腊天文学家创造了一个术语，即"periskian"——世界的边缘，这个词很少用于北极圈以北的区域。托勒密根据一年中白天最长的那几天的日照时间长短，把地球表面划分为不同的气候带。在北极圈以北，每年有一段时间，日晷投射的阴影理论上会形成一个完整的 24 小时圆圈。因纽特猎人将鱼叉插在雪地或冰原上当作日晷的晷针，托勒密本可以收集到更多的有用信息，如果他或他的一个旅伴曾经与因纽特人猎人交谈过的话，但根据现有的证据，托勒密认为整个"periskian"（世界的边缘）都是无人居住的。

皮西亚斯的读者得知图勒位于大约北纬 63 度的位置，他们推测更远的北方世界是无人居住的、无关紧要的。因纽特人的祖先迁移到格陵兰北部，使人类对北极的认识又增加了 10 纬度～15 纬度，但是在如此高的纬度地区，人们无法稳定地获得食物，口述历史表明，饥荒时期是真实存在的。

对于因纽特人和密克罗尼西亚人来说，北极星在天体知识中具有重要的玄学和神学意义。当然，具有讽刺意味的是，北极星的高度意味着，对于生活在北纬 70 度以北的人们来说，北极星的实际意义基本上已不复存在。然而，对于希腊人来说，天极和黄道极是构建星表的关键参考点，其中最著名的是托勒密的《至大论》。

但是，在地理极点的问题上，托勒密几乎没有什么贡献。对他来说，地理极点占据了一个相对不复杂的空间，在已知或可观察的世界之外，在有人居住的社区或世界之外。托勒密认为地理极扮演了定义经度的作用，把所有的包括子午线在内的大圆线都固定住了。这一框架使得世界地图和地球仪的构建成为可能，也使得用正确的比例和大小绘制世界地图得以实现。从长远来看，天文学将继续处于优势地位，因为它是科学真理的源泉之一，也是我们在地球上定位的原则。然而，在现代欧洲早期，地理北极将具有真正的重要性，成为最明显、最美丽和最珍贵的地图学标志之一。在下一章中，我们将讨论以地理极点为中心的地图是如何在现代欧洲早期流行的。

第二章 了解北极

　　近现代美丽的极地地图的起源和传播给我们带来了一个悖论。人们怎么能在不接近北极的情况下亲眼看到地理北极呢？这个谜团的答案可以让人们不通过传统的方式看到北极的直观景象，也就是说，在1660年皇家学会成立时，欧洲受过普通教育的人都有能力想象出在北极上空俯瞰地球的场景。在人们到达北极之前的几个世纪，人们不必穿越北极圈就可以通过图像和文字的描述来了解并熟知北极。这是因为在16世纪早期，一批文艺复兴时期的巨匠开始绘制北极地图、普及北极知识，以展示太空与地球之间的宇宙关系。新种类的地图、地球仪和其他仪器的出现意味着那些对北极有浓厚兴趣的人可以看到北极并了解它。这种方式在很多方面都很有用，这为我们迄今为止的极地地理想象奠定了基础。

　　彼得·阿皮安出生于内陆萨克森州一个富裕的中产阶级鞋匠家庭，他似乎并不是人们期望看到的第一个开始做极地测绘的人。尽管他没有成为一名水手或探险家的欲望，但他仍然雄心勃勃，他天生对宇宙学充满热情。

彼得·阿皮安是欧洲
著名的数学家、宇宙
学家和出版商，他把
极点的投影和其他球
面投影作为早期现代
地图制作的一个组成
部分

PETRVS APIANVS LEISNICENSIS.
Divi Imp. CAROLI V. Mathematicus et Comes
Palat. Caes. Equestr: dignit. et in Academia Ingol.
stadiana Mathes. Professs. Publ.
Nat. A. CIↃ CCCC XCV.　　　Denat: A. CIↃIↃLII.

我们将进一步看到，他成为当时最重要的宇宙学科普作
者之一，相当于 16 世纪的畅销书作者。印刷革命改变了
欧洲，这意味着他能为读者们以一种前人难以想象的形
式来出版《北极》。他在莱比锡大学和维也纳大学学习了
天文学和数学之后，发现一个实践性很强的职业同样吸
引他，于是他建立了一个小型印刷厂。多年来，他致力
于探索印刷技术并不断发展创新，他通过图书向大众科

普宇宙学知识。他致力于将复杂的天文原理变成通俗易懂、富有趣味的图书，使读者对世俗事物产生好奇心，他的读者不仅有商人之流，还有王子、学者等。

在 16 世纪，研究宇宙学意味着要密切关注天体间的和谐运动，这种运动控制着地球与天空中的星座、恒星和行星之间关系。这些太空与地球运动的时间对占星家及其富有的赞助人——欧洲的皇帝、国王和王后——来说非常重要，因为天空是避免危机和灾难的工具，或者如果需要的话，是应对危机和灾难的工具。阿皮安意识到，其他人很难理解，没有北极，政治和商业精英将会无法应对危机和灾难。地球表面这个遥远而未知的地方本身并不一定有趣，但阿皮安发现，在克里斯托弗·哥伦布（1451—1506）、瓦斯科·达·伽马（1460—1524）和费迪南德·麦哲伦（1480—1521）的航海之后，对那些仍在努力应对地理知识突然膨胀的观众来说，让他们理解宇宙学是必不可少的。

世界地图没有显示东印度群岛香料贸易的路线，也没有显示去往南美洲和加勒比种植园的路线，所以这份地图很快就过时了。对于男人们来说，纵览世界另一边的新发现，是他们拓宽自身视野和提升社会地位的标志，这让他们知道自己身处于一个完美的圆形宇宙中。那些生意遍及全球的商人求助于宇宙学家和地图绘制者来寻求新的方式让地球可视化，以便弄清楚其原理并了解其特性。历史学家杰里·布罗顿将欧洲历史上的这一时刻称为"地球的地球仪化"时刻，自此，人们可以用一种新的方式在脑海中构想一个球形的世界。

在哥白尼 15 世纪 30 年代的革命前的十多年里，阿皮安开启了他的印刷事业，那时宇宙学的学生学习的是托勒密的地球中心说。阿皮安拥有解读托勒密天文学和地理学著作的数学能力，一些教授和商人非常希望能够理解太阳和行星是如何和谐地围绕地球运动的，阿皮安发现了这一点，并满足了他们的需要。在他的《宇宙志》（1524）的首页插图中，阿皮安创作了一幅地球仪的版画，展示了非洲和亚洲，而不是像以前那样展示人们熟悉的欧洲。为了向读者介绍地球的位置、它的子午线、热带和两极在宇宙结构中的位置，他向他们展示了它们在天环上的位置。地球的极轴与天体南北极的重合是显而易见的。有宇宙学基础的读者都熟悉这个基本原理。他们知道地球本身是绝对静止的，而行星和恒星均匀地、持续地围绕着地球的球形外壳旋转。这本身并不新鲜，因为文艺复兴时期的天文学家和宇宙学家学习的天文理论是从古希腊时期流传下来的。这主要归功于阿拉伯天文学家的工作，他们不仅使托勒密的理论得以流传，还通过几个世纪的研究和对天文仪器巧妙的发明，发展了托勒密的理论。因此，阿皮安和他的同时代人并不是凭空发明了地球仪和地图中的极点方向：它是在中世纪和近代早期欧洲文明和阿拉伯文明之间的思想碰撞和相互作用中在欧洲出现的。

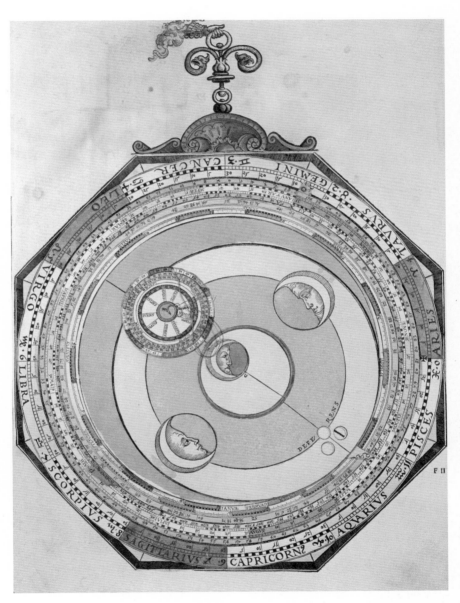

这张精美的纸表盘展现了月亮和太阳的运动，这是《天文学专论》（1540）的其中一部分，这是一本精心设计的彩色宇宙表盘书，是阿皮安在祖父马克西米利安一世去世后，献给他的赞助人——罗马皇帝查理五世的

　　当我们思考如今科学的普及时，我们立即会想到简单、清晰的白话文和令人愉悦的插图。阿皮安很少使用文章来解释说明，因为他明白普通人可以更容易地通过图表和模型来弄清楚地球在宇宙中的位置，而不是依靠长篇大论或数学公式。许多读者几乎没有受过数学教育，作为一名数学家，他努力向读者传达他理解的知识。因此，他的畅销书备受追捧，销量大了，价格也就降下来了，人们也能买得起了。虽然他取得了商业上的成功并极力迎合赞助人查尔斯五世的口味，但他依旧重视视觉上的效果，甚至让图片占据了主导地位。阿皮安的代表作奢华的巴洛克式的《天文学专论》（1540）的显著特点是结构精致，书中有一组活动的天文刻度盘。阿皮安致力于让他的图书可视化，他不仅是一个精通宇宙学的印刷商，还是一个技艺精巧的工匠。打开他的书，读者不仅可以阅读文字，还会感到身临其境，仿佛置身宇宙之中。

　　对《宇宙学》的许多读者来说，阿皮安对极地真正的创新就是让读者通过想象自己从北极上方俯瞰地球，从而看到整个广阔世界的新地图。能够描绘一个地方就意味着离了解它不远了。站在地上的读者们可能习惯抬头观看夜空，但从上方向下俯视则涉及更为复杂的抽象概念。为了符合宇宙物理学的精神，他们需要学会使自己与宇宙的神圣对称性相一致；他们需要通过观看一个球形天体来了解天空是球形的；然后，在透视图仍然是一个相对较新的概念的时候，他们需要知道，地球可以从远处被观察。这种看地球的方式源于地理学家丹尼斯·科斯格罗夫所称的"阿波罗凝视"，阿波罗是希腊神，他可以飞越地球上空从而看到整个地球。

阿皮安时代的宇宙学家，特别是那些在大学或维也纳皇家法庭工作的人，创造了一些"极地地图"或"环极地地图"，即围绕北极这一中心点的对称同心圆地图，地图的经线从中心点向外辐射。然后，和现在一样，极地地图因它的对称和美丽而备受赞赏。在一百年内，它们将与航海联系在一起，并经常被用作世界地图集的卷首插图。这些特殊的极地地图以独特的方式赋予地图集美感和声誉。这些地图获得了美学意义和突出的地位，让人们以一种新的方式看待世界，就像从天极俯视世界那样。

要理解极地地图的兴起，就需要退后一步，看看为什么要用圆形纬度线和与半径一样长的直线型经度线来规划空间。现在的人们对于纬度和经度是如此的熟悉，以至于问题的答案好像不言而喻，经纬度似乎是地球上唯一一个可以精确定位的科学系统。但这真的是一种全能的定位方式吗？毕竟，几千年来，许多非西方文明在没有经纬系统情况下，也存活得很好。对于文艺复兴时期的宇宙学家来说，纬度和经度系统具有独特的价值，因为它对导航员和天文学家都很有用。定位恒星和行星的位置需要测量它们的水平高度或它们与其他天体的距离。当然，极点是数学上定义的点，用来将经纬度网格投射到天体的球形表面。像托勒密这样的古希腊天文学家已经证明，经纬网格也可以应用到地球的世界地图上。经线不能在没有极点的情况下生成，可以说，没有极点，就没有经度。在外太空，恒星的位置是用来与经纬度相关的度、分、秒定位的。

如今，人们有时会说北极只是一个假想的点，仅仅是数学体系中的一个点。严格地说，这是真的，因为极点是用来投射时间和空间的纯粹的抽象的点，是托勒密宇宙学的核心。但是，如果认为极点是几何投影中的零点，那么它们就是不重要了，这是一种错误的想法。像阿皮安这样的宇宙学家不仅从事抽象数学研究，还与同时代最熟练的工匠密切合作，例如画家、雕刻家、造纸师、墨水匠、装订工、皮革工匠等。当与工匠携手合作时，数学可能是非常实用的，事实上，因为在制作测量和绘图工具方面发挥的重要作用，"实用数学"一词在这一时期成为一个重要的研究分支。在整个16世纪的欧洲通过这些合作，北极——地理北极和北天极——变得活跃起来。多亏了这些工匠，极地变成了看得见摸得着的东西，人们不仅可以直观地看到北极，还可以触摸到北极。

我们仍然无法解释地理北极为何在近现代变得如此重要，因为其他世界地图更适合展示热带和温带贸易路线。阿皮安喜欢绘制极地地图：在某种程度上，极地地图是地图里的新奇事物，是值得欣赏的美丽事物。极地地图在一些宇宙仪器的设计和建造中也发挥了独特的作用。它们可以使眼睛与穿过天极和地极的轴线对齐。结果证明，这对读者观察天体关系特别有用，比如说观察太阳在天空中的运动，或观察不同纬度固定恒星的位置。他还可以使读者在不同的位置观察天体，不仅是在伦敦、巴黎、维也纳，还可以在环绕地球的任何一根纬线上。这种全球视角意味着北极在这些宇宙仪器的建造中扮演了非常特殊的角色。他们需要一个极点作为焦点，把仪器的不同材料部分固定在适当的位置，以协调天地的运动。我们将会在接下来的几个例子中看到，毫不夸张地说，两极把地球团结在一起。

宇宙结构学的极地投影

当阿皮安决定出版天空或地球的极地地图时，他需要一个极地投影图。如果恒星的极坐标图是正确的，那么投影到平面纸上就需要保留天文学家观测到的恒星的高度和其他角度。这是一个数学问题，需要在球面上展示角度的专业技术。阿皮安有幸在附近的维也纳学习过，他学习了纽伦堡、英戈尔施塔特和维也纳的一批天才数学家的工作，这些数学家在罗马皇帝马克西米利安一世（1459—1519）的资助下工作，马克西米利安一世通过子孙的联姻，获得了欧洲大部分地区和新大陆一半的统治

阿尔布雷希特·丢勒作，罗马帝国皇帝马克西米利安一世（1459—1519），（约1519，木刻）

权。掌握球面角度是新球面三角学的一部分，它与托勒密的数学、天文学和地理学有着密切的联系。

约翰内斯·斯塔比乌斯（1450—1522）和约翰内斯·沃纳（1468—1522）将这一数学问题应用于托勒密的地球地理学中，引入了新的投影图。斯塔比乌斯是维也纳人文主义界的一员，他发展了数学界中的心形投影（约1500年），这种投影虽然是圆锥投影家族的一部分，却将目光聚焦在北极。沃纳专攻球面三角学，他发展了心形投影，并为极平面投影建立了数学模型。沃纳致力于研究托勒密的地理学，并于1514年出版了一本拉丁文的学术译本，他利用自己的数学知识在新时代向观众展示托勒密的作品。这给北极带来了新的视觉体验，并由此产生了以经线或子午线为单位的角度划分。这些图影被宇宙学家和制图者采用，包括杰玛·弗里斯、赫拉尔杜斯·墨卡托、奥伦斯·费内和亚伯拉罕·奥尔特利乌斯。

　　球状和平面状的地图满足了马克西米利安一世和他的孙子查理五世（1500—1556）的需求，后者统一了奥地利和西班牙的哈布斯堡王朝。他们声称自己有普世权威，以统治他们疆域遍布全球的帝国。展示这种权威要求工匠和仪器制造商进行创新，并将这些新的数学投影付诸实践。在欧洲的帝国时代，地球仪和海图技术刚刚兴起且发展迅猛。它们是展示非凡力量的绝妙方法，它们描绘了一个在短时间内蓬勃发展的中世纪。地球仪通常成对出现，虽然人们在一个世纪以前就对它不那么感兴趣了，但它仍是一个伟大的物件，应该在图书馆和高端沙龙中占有一席之地。汉斯·霍尔拜因的画作《大使》（1533）展示了一个较小的地球仪，在它的旁边是一个更大的天体，这是地球仪的重要性日益突出的一个例子。

　　斯塔比乌斯和沃纳的地图让商人发现了一个商机。地球仪通常是非常昂贵的高档商品，建造起来非常耗时，它们和地图一样被视作一种数学工具（今天通常不这么认为）。得益于印刷术的发展，人们不再需要工匠团队专业而又艰苦的工作了，因此，伟大的发行人阿皮安和杰玛·弗里斯发现了制造廉价地球仪的商机。文艺复兴时期，在博学的天文学家和数学家的小圈子外，一些受过拉丁文教育的读者，渴望了解他们迅速变化的世界，他们愿意购买新形式的知识。类似于弹出式图表的仪器可能会吸引教师、水手和读者学习宇宙学知识。

随着大量纸质廉价数学仪器的出现，极地地图被意外地发明了出来。为什么会这样？这是因为极地地图结合了一种新的地缘政治观点和对超越国家自身利益的单一权威的吸引力。这一系列引人注目的极地仪器有助于人们理解新兴财富的来源，这些财富是通过世界另一端的贸易、殖民和海盗活动得来的。令人兴奋的新世界地图和图表热衷于展示美洲和东印度群岛的最新发现。驶入印度洋和太平洋的西班牙、荷兰和葡萄牙的商人正在改变世界地理。托勒密世界的经典框架，限定在以地中海为中心的、欧洲和北非有人居住的世界，正受到来自这些帝国的新知识流入的压力。拥有权力和金钱的人们需要新的工具来展望这个世界。

当强大的帝国统治者的威望岌岌可危时，宇宙学和地图学就成了代表权力的新方法。查理五世赞助了一些天文学家、宇宙学家和地理学家，并对他们寄予厚望。作为回报，他们把皇帝描绘成现代阿波罗。这样查理五世就成为一个正统的帝国统治者，其血统可以追溯到亚历山大大帝，而亚历山大大帝本人是亚里士多德的赞助人。这幅肖像画向所有人展示了查理五世和阿波罗一样，可以将他的目光投向整个地球。这种空中透视法，被视为具有普世权威的标志，实际上是由工匠以及设计其仪式、纹章和其他符号的朝臣赋予皇帝的。

从上方俯视地球使宇宙学与欧洲文艺复兴时期的绘画、地图绘制和透视法的新发展相一致。阿尔布雷希特·丢勒（1471—1528）是德国最杰出的艺术家之一，他是纽伦堡一位著名金匠的儿子。丢勒在绘画方面早慧，他的绘画才能也扩展到了版画、写作和广阔的哲学领域。他对透视法的研究占据了他一生的大部分时间，他将在博洛尼亚学习期间学到的线性透视原理带回欧洲北部地区。后来他移居维也纳，在马克西米利安一世的赞助下与斯塔比乌斯和维尔纳合作。丢勒和斯塔比乌斯在1515年出版了第一张北极星图。他还准备了一份尚未出版的极地陆地海图，却没有实质性的市场。维尔纳和丢勒都来自纽伦堡，他们两人之间关系紧密，他们都从意大利文艺复兴时期的空间数学中汲取了灵感，特别是佛罗伦萨工程建筑师菲利波·布鲁内列斯基在线性视角发展方面的工作。

下一个时代的宇宙学家，特别是彼得·阿皮安和杰玛·弗里修斯，也密切研究了沃纳和丢勒。宇宙学著作《宇宙志》使得它的作者阿皮安家喻户晓，其中一幅使用线性透视法的插图描绘了一只眼睛从远处看地球和天空。这可能是最早的宇宙学图表之一，它生动地展示了人眼是如何从远处观察地球极点的。天文学家和航海家，站在地球表面，向上凝视着固定的天极，而阿皮安教授读者如何向下俯视，俯视人类在地球表面行走。

从阿皮安的图像中可以看出，他正在邀请读者思考眼睛是如何与地球和天体对齐的，就像观察者在使用数学仪器进行观察时做的那样。学习使用仪器需要观察者了解如何站在正确的位置来无误地使用仪器，这样他们就能正确地对准仪器，然后可以读取仪器上的刻度，给出表示观察者与宇宙中物体之间关系的度量。学会用这种方式看问题是使用各种实用工具的一部分。

用眼睛的透视几何学来描绘极地景象是有先例的，因为一些现有的仪器要求观察者将视线与天极对准。比如说，星盘这种仪器使观察者能够知晓恒星在过去或现在的位置，在航行中知道自己的位置、方向和当地时间。使用星盘需要观察者用手把视线与天极对准。大多数实用仪器有活动部件，以便能够协调不同天体之间的关系，如太阳和其他恒星。在等高仪上，极轴与其中心针重合，中心针的作用是协调仪器的运动部件，以跟踪天体的轨迹。

新发明的导航仪器，如反向高度观测仪和夜间计时器，它们也要求使用者将仪器的视线与北极星对准。通过反向高度观测仪测量北极星的高度（与水平面的角度）

可以让水手知道自己所处的维度。在没有极星的情况下，人们发明了夜间计时器来跟踪最近的恒星绕着天极的轨迹，然后就可以用它来修正反向高度观测仪的误差。因此，将眼睛对准天极已经是一种公认的观测方法。

　　将观察者的眼睛对准天极离把眼睛对准地理北极仅一小步之遥。投影被认为是定位眼睛的工具。正球面投影，后来被称为通用极球面投影，正是这样一种使眼睛对齐，以便向后看地球的工具。它的雏形为希帕丘和托勒密所知。斯塔比乌斯和沃纳的数学运算已经解决了球面角的问题。这样，在使用这个投影时，角的比例或量

这幅简单的木刻图展示了一个航海家用反向高度观测仪来确定自己的位置和太阳的高度，这展示了航行家和天文学是如何教观测者对齐视线，从而使他们的身体与天空对齐的

度被正确地保留了下来。

　　16 世纪的第一个十年是将平面图变成标准的制图物品的关键时间节点。赫拉尔杜斯·路德（1507）、格雷戈·雷施（1512）和丢勒（1515）的早期例子表明，在制作和呈现整个世界的极地地图时，让东、西两个半球

阿皮安向读者介绍了基础的宇宙构造，展示了地球相对于天极、子午线和太阳平面的位置

能够同时显示并被标记出来，具有创新意识。阿皮安向《宇宙志》的读者解释说，当使用平面图时，眼睛的位置与宇宙的轴和天极是一致的。从远处看，地图上的经线像星星的形状，多条直线从地球北极放射出来。与此密切相关的是斜视版本（眼睛与天极成一定角度的偏移），沃纳将其归类为托勒密《地理》（1514）版本中的四个"新"投影。沃纳在向那些希望拥有"理想的全球形象"的"杰出人士"推荐该计划时，暗示这个项目很有市场。

阿皮安和杰玛的地球极地棱镜

在阿皮安时代，维也纳和鲁汶（现在在比利时）都是罗马帝国的学习中心。查理五世统治着西班牙、勃艮第和哈布斯堡的欧洲领土，以及西班牙新大陆被征服的领土。在出版业中，既有精英读者，也有地位较低的读者，他们都可以在这里找到商业机遇和受教育的机会。因为都热衷于制作宇宙图形仪器，阿皮安和杰玛的经历交织在一起。阿皮安和杰玛都从省级小镇搬到了大学城，那里的学术氛围和思想自由比宗教中心更加浓厚。阿皮安搬到维也纳，然后在英戈尔斯塔特学习数学，杰玛则从菲仕兰搬到鲁汶学习医学，同时他还在宇宙学上投入了大量时间。阿皮安和杰玛最终都通过在大学担任带薪的教学职位来支持他们对制造宇宙仪器的热爱。

　　将阿皮安和杰玛结合在一起的是《宇宙志》这本书。这本书首先由阿皮安撰写，杰玛在此基础上对它进行了很多的扩充和改进。五年后，杰玛重新出版了它并用雕版印刷术取代了阿皮安的木刻印刷，使用了更加活泼的字体，从而改善了它的外观，并增加了讨论和附录。在那时，使用别人的知识成果是一件很复杂的事，作者借用或直接引用别人作品中的内容并不罕见。杰玛版本的《宇宙志》让他和阿皮安都名声大噪。他成了那个时代最著名的两位制图师赫拉尔杜斯·墨卡托和约翰·迪的老师，约翰·迪（1527—1608）后来成为英国女王伊丽莎白一世的宫廷术士。这就是 16 世纪宇宙学流派流传下来的智慧产物。

　　为了制作大众化的教育工具，阿皮安利用他的出版业务，学习、借鉴和试验。他娴熟地为自己的书开拓市场，他与每一位读者接触，以此来探寻新世界，了解如何通过天文学和宇宙学来了解地球。因此，阿皮安特意强调了宇宙学中陆地视角或地球视角的重要性，人们通过一个来自上方的视角来观看整个地球的地理，测量的技术和天空景象。陆地视角是建立在天体规律的和谐运动中的。

　　极地地图在阿皮安的宇宙仪器生产中占有显著地位。受斯塔比乌斯、维尔纳和杜勒的影响，阿皮安创造性地使用极地地视图来表达地球的宇宙视图：首先是极地世界地图（1520）；紧接着是南方朝上、只有六个地名的圆形世界地图（1521）；然后是可圈可点的镜面宇宙图（1524），镜面宇宙图如同字面意思一样，是一个镜像的宇宙图。镜面宇宙图是一个卷轴，一种带有活动部件的纸制仪器，它被装订并出版在《宇宙志》杂志上。镜面宇宙图使用地球极图作为其母版或主版。顾名思义，镜面图能使读者倒转视线，不是向上仰视天极，而是以地理北极为中心，从天空俯视世界。

十年内，阿皮安还出版了一幅以极点为中心的心形地图（就像奥伦斯·费内那样，他是受沃纳的启发）。在他的《占星术阿皮亚尼》（1533）一书中，有一张仰视天极的地图，这张地图包含了阿拉伯星座和贝都因星座，在地图中，他没有用天文学家常用的从外太空向下俯视的视角。相反，他通过地球上某个人向上凝视黄道带星座的视角，展示了地面的优势。在欧洲迅速扩张的时代，极地地图的广泛印刷产生了重要影响，这影响了地球是如何被想象出来的。然而，为了解释读者是如何看待地球北极的，有必要更仔细地研究一下阿皮安希望读者们用这些仪器做些什么。

随着宇宙学的发展，卷轴在 16 世纪大受欢迎。读者可以使用它来一步一步地解决相对简单的宇宙学问题，在这之前，这些问题只有学识渊博的天文学家、数学家和最善于与人交流的导航员才能解决。随着纸张价格的降低和雕刻术的出现，大规模印刷变得更快、更容易。

因此对于出版商来说，生产这种书相对比较便宜。

　　最重要的是，读者被邀请承担起对仪器本身进行装配的工作，这同时也使他们参与了这本书的制作，节省了出版商的时间和开支。在这种情况下，我们可以看到《宇宙志》的后续版本是如何鼓励数代读者投入时间的，不仅是投入时间阅读书籍中的极地图，还积极地利用它们来构造简单的极地仪器。

　　框架中的主板上刻有以地理北极为中心的立体极地图。在主板上，所有子午线都向地球外延伸。一个叫作"rete"（类似于一个星盘）的旋转纸环，安装在地图的中心，围绕北极旋转，它沿着黄道平面（赤道平面 23.5 度）追踪太阳的变化路径，最后还有一个旋转的索引臂，可以展示地图上任何地方的纬度。

　　阿皮安向他的读者解释了太阳是如何沿黄道极这条轨道运行而偏离天极的，这样当他们看见太阳扫过地球时，他们可以随着太阳在空中的移动观察这一点在一年中是如何变化的。一个能够使用这种仪器的读者获得了实际的好处，因为他能够预测太阳在任何日期和一天中任何时间的路径。同样，通过观察太阳在地球北极和地球表面的运动，读者可以更清楚地看到地球上不同地方之间的时间差异（这是在时区出现之前）。这也为理解日食和其他更复杂的天体现象奠定了基础，这对占星家和天文学家来说十分重要。这样，地球周围的太阳和恒星的规律运动的路线就可以与地球上的观者观察到的季节性改变的路径保持一致了。

　　镜面极地地图反映了同时代人对当代地缘政治的理解。这份地图明确了美洲、欧洲、非洲和亚洲大陆的位置和轮廓。地图的外围呈放射状向外、向南延伸，到达了北回归线（北纬 23.5 度）。这包括了欧洲人所知的大部分人类居住的世界，而每年葡萄牙和西班牙寻找新的贸易路线和帝国领地的航行，扩大了人们已知的世界地图的版图。读者通过这张几乎覆盖全世界的地图可以了解到 16 世纪的帝国的新范围。阿皮安利用一个以极点为中心的投影，以一种单一的视角将一个分为东方和西方的世界的政治神话结合在一起。镜面极地陆地地图的两个边缘划分了"东方"和"西方"，将地球划分成了东半球和西半球。

　　宇宙学仪器显示了帝王主权在空间上的延伸，这在其他帝王徽章中也有体现。查理五世的盾徽上刻着赫拉克利斯之柱。他的座右铭是"更进一步"。这幅帝国景象不仅在空间上向外投射，还在时间上向过去投射。亚历山大大帝，在一个典型的自我神化的故事中，他身披赫拉克利斯的披风，以合法化他的主张，即拥有对从波斯帝国向东延伸到印度的陆地领土的天赋神权。查尔斯五世的肖像画，就像他之前的奥古斯都和亚历山大一样，将阿波罗关于飞向地球北部边缘的设想与赫拉克利斯的帝国象征和征服东方结合在一起。因此，从上面俯瞰地球北极的视角是一种帝国主义的视角，有助于欧洲神话

中的帝国权力通过商业贸易和武力征服统治东方。对于
查尔斯五世这样的皇帝来说，这种统一的地球视角象征
着他对世界万物有着至高无上的普世权力。

让世界处于正确的位置中

阿皮安的读者以一种实践的方式参与了这个世界的
创造。读者可以用书页组装棱镜。首先，他们会小心地
从主板开始，剪出图形，然后把这些图形放在正确的位
置来制作仪器。实际上，还有一个看似简单而又不起眼
的步骤却至关重要，他们必须在正确的位置将主板固定
在一起，在旋转点（北极）将它们缝合或绑在一起。阿
皮安为此向读者提供了一条普通的线或细绳。这不是一
个困难的任务，但它需要恰当地把宇宙绑在一起，使读
者能够观察到它的各个部分是如何和谐地运动的。这就
是宇宙学的全部观点。如果绑得太紧，各个部分就不能
平稳地移动；绑得太松，太阳就会偏离它的真实路径，
无法提供可靠、准确的计算；如果没有对齐，将会得到
一个令人不满的不和谐的宇宙。

这种简陋的扣件装置很少被历史学家讨论，但它们
是非常重要的宇宙学工具，可以为文艺复兴时期的宇宙
学读者解释北极的意义。关于"在北极，望远镜里的环
极图显示的是什么？"答案就是一个空地或一个洞。北
极是没有意义的，既不是什么名胜之地也没有其他含义。

没人知道北极发生了什么！相反，极点的洞是为另一种存在而设计的。阿皮安提供了一根线，其他工匠用铆钉或钉子把宇宙连接在一起。这些简单的材料让零件得以围绕枢轴点平滑地旋转。恒星在地球上的运动是在北极协调的。用金属、木头或线制成的小扣件，只要被组装起来，就不需要修理了，对于他们的主人，这类仪器很难给他们提供谈论的话题。然而，如果这样一个装置损坏或卡住，仪器就不能转动或旋转了。如果不能转动，那么宇宙学家展示地球在支配宇宙的和谐运动中的位置的能力就受到了限制。如果没有简单的紧固装置，阿皮安就不可能生产出那种便宜的卷轴，这种卷轴促成了《宇宙志》的流行，这本书的出版相当成功，此后经历了多次再版。

借助极像投影的图示法，以极点为中心的投影也被用在昂贵的高端仪器（例如地球仪）中。地球仪的固定针安装在了北极位置，从内部中心柱向外延伸，使球体能够自由旋转。像望远镜一样，地球仪中心的轴使它们能够围绕一个轴心点旋转。然而，地球仪的制造者们常常更进一步，用这些固定针来给北极增加信息或意义。例如，一个简单的圆环将一天划分为 24 小时，这是一种流行的方式，用以表明地球的运动是如何导致时间随经度变化的。

在一些更大的地球仪上，除了贴在地球仪上的三角形地图块和地球仪上的螺丝帽，安装在南北级上的一些紧固件为展示客户品味打开了一个新的空间。对于仪器制造商的赞助人或客户来说，有什么比充分承认他们的能力和品位更重要的呢？随着地球仪的价格越来越昂贵，地球仪上的北极指针变得越来越贵重。在特殊的需求下，非常昂贵的象征性物品，如分量相当重的银钟，被安装在北极上空。这些辅助设备——钟表、时钟、雕塑——揭示了让拥有者从不同的方面展示地球的重要性。这些装置不仅仅是装饰，更是在工匠的工作室里被创造和组装的阿波罗所看到的景象。

英国和荷兰将北极地区视为值得占领的理想领土，航海家理查德·钱森（约 1521—1556）和威廉·巴伦茨（约 1550—1597）以宗教名义航行，寻找通往东方的另一条海上航线。人们可以想象，受过教育的读者、贵族和商人在地球仪上观看传说中的东北航道，他们可以使自己处于有利位置，与重要的子午线对齐，将地球仪拿在手里，并在地球仪两极优雅地旋转地球。在欧洲帝国向全球扩张之际，展示全球比凭一己之力推测极地的实质更为重要。的确，北极会成为航行的阻碍，还是会提供一条无冰路线，是一个重大的问题。然而，在第一个例子中，北极的作用是将地球保持在一个由恒星和行星的和谐运动所统治的宇宙的中心，并显示航行、政治权力和帝国之间迅速变化的关系。

北极究竟是什么样的，是什么使它独一无二，将在未来很长一段时间里困扰着自然哲学家。在下一章中，我们将看到威廉·吉尔伯特如何通过建立磁极实验模型来揭开指南针和地球磁极之谜。然而，这些类似的实验将使极点的奇怪处和矛盾点更多，而不是更少。

威廉·吉尔伯特的肖像

第三章　增长的极点

　　威廉·吉尔伯特（1544—1603）是一位来自伦敦的医师和自然哲学家，他在社交圈子中举足轻重。作为伊丽莎白一世和富人阶层的私人医生，他认为自己与当时的英格兰哲学家无异。磁石球是吉尔伯特设计的一种新型仪器，它整体呈球形，蕴含着宇宙的奥秘。磁石球与一个水果或者一个普通的球一样大，与地球的两极相同，磁石球也拥有两个极点，吉尔伯特将它们命名为南北极。尽管磁石球看起来就像是一个没有地理特征和地表风貌的小型手持地球仪，但他不使用地球仪的常规材料：没有的木柱、混凝纸浆，也没有适合贴在地球仪表面的三角形地图块，还不使用油墨和将各部件黏合在一起的胶水。取而代之的是，磁石球由看似不起眼的普通磁石材料制成，这些材料可以在任何国家开采。对吉尔伯特来说，这件由磁石制成的极地仪器是一件美丽的东西，它看似很简单却神秘而又强大。

　　磁石球可以做一些特别的事情，即使是自皮西亚斯以来技能最熟练的航海家也做不到。研究吉尔伯特的历

在威廉·吉尔伯特的《磁石论》（1600）中，一个铁匠正在他的铁砧上加工一块金属来生产一个磁化的针

史学家斯蒂芬·普姆弗里这样认为，"地球一定是一个像磁石球一样的磁性球体，同时磁石球是地球可靠的实验模型"。换句话说，支配地球两极的定律可以由一个容易构造的磁性球体来模拟。磁石球的磁极和地球的磁极是一样的，它就像地球的缩影。人们通过实验了解的磁石球的任何磁场行为模式，对地球来说都应该是同样正确的。这意味着两极的奥秘可以在实验室被验证。

　　从磁场的角度来看，一艘船也可以被缩小成模型，以便在磁石球表面航行："他的模型船和指南针是静电验电器，一种具有极性磁吸力的指针。"让这些仪器模拟船上的磁力指南针，在实验上相当于能够"快速地到达地球上的任何地方——甚至是去两极区域"。将静电验电器移到磁石球两极地区的表面，使吉尔伯特能够在工作中非常直接地观察磁场现象，但是弄明白这一现象背后的隐藏原因并不是那么容易。很显然他对实验力量的夸耀与欧洲长期受苦受难的北极航海家的艰难经历形成了鲜明的对比，一些知名人士如理查德·钱纳森、威廉·巴菲和威廉·巴伦茨在寻找到东方的极地路线。这个地球形状的磁石球包含的一些特殊意义——极性本身——使得吉尔伯特的仪器比他那个时代的地球仪、指南针、反向高度观测仪等其他实用仪器更有高度。

　　吉尔伯特不仅是他那个时代的普通医生，还是一个对周围的各种事物（无论是人还是动物抑或是金属物质）都保持着好奇心的人。他是一位实验主义者，他废寝忘食地观察，一刻不停地实验，他是一个真正的哲学家。他构思、设计并委托制作了新的仪器如磁石球。在他的实验室里，他用针形静电验电器在磁石球上的任意地点测量磁引力。有了这个模型，他建立了"一个比英国、荷兰和西班牙海军加起来都要强大的系统性观察数据库"。吉尔伯特将它称为"磁的哲学"，就其本身而言，磁石球就是一个真正的活地球，它不仅是一个像地球仪

吉尔伯特用磁针和
磁石来模拟指南针
对地球磁极的吸引

一样的昂贵模型，也不只是一个描绘地球表面的地图。静电验电器的指针指向磁石球的极点的行为，与水手的罗盘针指示北方是同样的原理，但因为磁石球规模很小，人们可以在实验室弄清其中的原理。

除了测量极点与指针之间相互吸引的力外，吉尔伯特还在磁石球的球体上捕捉极性本身。他在实验室里通过实验得出的关于地球的结论与真实的地球是相一致的，事实上，所有其他类似的天体都有磁极。在当时这不仅是一个学说和一个理论，更是一个具有吸引力的实验体，它有望推翻剑桥曾当作真理传授给他的半真半假的理论，并以全新的方式揭示地球内部运作机制与宇宙之间的生动关系。

显然，吉尔伯特是一位极具天赋的实验主义者和观察者。他相信，如果要为极点和极性建立正规的哲学基础，还有很多要做的。如果吉尔伯特专注于解决地球极性的问题，而不去猜测极性本身的性质，那么他可能会成为今天家喻户晓的人物。然而，他的一些最重要的想法经不起时间的考验。他的基本见解将受到艾萨克·牛顿和其他人的挑战、修改和发展，使吉尔伯特流传下来的理论变得模糊不清。然而，吉尔伯特确实解决了极性中一些很容易被忽视的关键问题。他没有用笃定的答案来回答"极点到底是什么"这个问题。相反，他的答案让极点变得更奇特、更引人注目、更使人好奇、更难以解释。

　　他的新知识看上去好像是通过实验室模型解答地球的奥秘，但实际上，他的工作提出了新的问题，这些问题已经颠覆了宇宙学的古老真理。在托勒密的宇宙论中，地球是在天体完美而又和谐的运动之中固定不动的，而对于自然哲学家来说，他们只是期望理解一种物质到底是如何对另一种物质施加影响的问题。不同学派的哲学家和相悖的理论之间冲突很深。吉尔伯特对于这个问题的回答是，地球突然向远处的其他物体施加力量：对于磁石球而言这个距离很短，对于绕轨道运行的天体来说

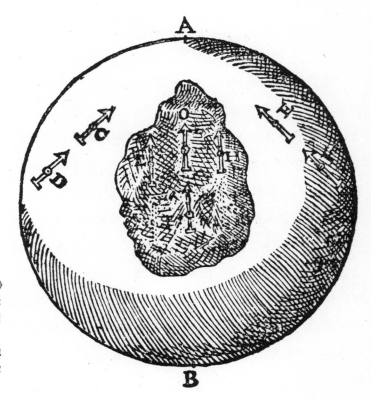

吉尔伯特《磁石论》（1600）中的图片展示了船在地球表面不同点时（C点、E点），船上的磁针都指向地球北极（A点），除非朝陆地转向

这个距离很远。在他的磁学理论中，旋转的球体的两极是活的，是具有生命力或灵魂的，并没有被传统的天文学定律认出并解释。

本章讲述了极点是怎样通过进入大众视野，从 16 世纪古代宇宙学的枷锁中解脱出来，并成倍数增加，且变得让人捉摸不定。从这个意义上讲，吉尔伯特哲学中的"北极"并不是那么单一。有多少磁石球就有多少"北极"，"北极"不仅仅是地球上的位置确定的地理极点或远在地球上方的天极点。极性脱离了早期的宇宙论模型，继续与无形的和活跃的力量联系在一起，这将从 19 世纪初期直到浪漫主义时代，被哲学家赞颂，并使他们困惑、好奇。

理解极点的崛起的一个方法是回溯上一章的观点，即北极在某些实用仪器（如阿皮安望远镜）设计中的重要性。这就要求观测者将自己的身体与仪器的主体和天轴对齐。这种方式让北极得以将太阳、恒星和其他天体捆绑在一起并协调它们的运动。宇宙学仪器的一个重要特点：它们是实用的数学工具。他们的制造者和使用者根本不关心这些仪器的工作原理；他们的结构是否代表了宇宙的哲学真理，这几乎无关紧要。他们的工作很简单，他们把深奥的哲学问题留给了神学家和自然哲学家。这就是为什么仪器史学家告诉我们，16 世纪中叶的哥白尼革命对实际测量和导航仪器的制造商影响甚微。然而，哲学和实验仪器并不是一回事，哲学可以产生另一类问题。因此，是自然哲学家，而不是实用主义的数学家，提出了更具探索性的问题：什么是极点，什么使极点活跃。磁石球被认为是一种可以精确地探究这些问题的哲学工具。

威廉·吉尔伯特：医师和实验家

威廉·吉尔伯特之所以迷恋磁力，部分原因是他对剑桥大学课程的不满，他是剑桥大学圣约翰学院的财务主管。在剑桥的那段时间里，他一直对亚里士多德传统中教给他和其他学生的教条和不加批判的真理感到痛惜和高度蔑视。他的人格十分复杂。他既是一个倾向于打破偶像的人，又是文艺复兴时期新柏拉图主义的追随者；他既是一个信奉人类灵魂完美无缺的理想主义者，又是一个充满激情的观察者和信奉实验证据的论释者。因此，他的故事不是一个简单的关于影响和发现的线性故事。后人从不同的角度解读他的气质和他的信仰。比如说，克里斯托弗·雷恩（1632—1723）就称赞吉尔伯特是经验主义的创始人。他也被称为"半个哥白尼"，因为他赞同地球绕地轴自转的观点，但没有全部同意哥白尼关于行星绕太阳公转的全部理论。毋庸置疑，吉尔伯特的著作《磁石论》（1600）是一个大胆而非凡的研究，这是他从事的磁学研究30多年来的巅峰之作。

《磁石论》全面阐述了磁性仪器、实验和控制从指针、指南针到行星和太阳等磁性物体行为的原理。在他的模型中，磁石球有一个偶极子，一个极性相反的南北极，与地球的两个地理极重合。实验表明了南北极是如何吸引其他极性相反的极，而排斥极性相同的极的。尽管许多航海者认为在托勒密模型中，是天极主动吸引指南针指示方向的，但吉尔伯特关于极点的理论使人相信任何一个极点都无法主动吸引磁针，极点不是具有隐藏力量的神秘物质。受新柏拉图主义者的影响，吉尔伯特认为地球上的磁性物质被"赋予了能量"，这意味着它拥有一种灵魂或生命力，是一种活的物质。在《磁石论》中，他解释说，这个有灵魂的磁性物质是地球绕自己的极轴旋转的隐藏原因。这种有灵魂的磁性物质引起旋转的原理适用于某些行星和地球。

　　尽管在现代读者看来，磁是有灵魂的这个概念似乎很奇怪，但更奇怪的是，为什么一个实验主义者会产生极点是有灵魂的这种观点，并以此来解释地球等物体的运动？这就预示"什么是极点"这个基本问题的答案在于观察与哲学的结合。我们必须记住，如今我们在学校物理课上学的两个最重要的理论在 16 世纪根本不存在：牛顿的万有引力理论（发表于 17 世纪晚期）和磁场的概念。磁场的概念是卡尔·弗里德里希·高斯和詹姆斯·克拉克·麦克斯韦尔在 19 世纪提出的。因此，在 17 世纪初，极点就具有了巨大的意义，因为实验表明，极点是最重要且可以被测量的磁效应，且极点难以解释。

因此，像吉尔伯特这样的新柏拉图主义者进一步认为，极点包含着一种强大的类似灵魂的物质，这种物质与远处的物体的灵魂产生了相互吸引和排斥的力量。

在吉尔伯特的理论框架中，极点是观察的焦点。他提出磁性本身可以对另一个被磁化的物体产生相互的吸引力，不管是手持式的磁石还是行星（当时月球被认为是行星），吸引力都是从两极散发出来的。对他来说，最重要的是这样一个想法：当相互的磁引力作用在远处，中间没有其他物质，只有空旷的空间时，远处物体所遵循的路径可以由相互的磁引力来控制。在亚里士多德的启发下，哲学家们把宇宙看作是一套多层的固体球形外壳，它携带着恒星和行星绕着天轴旋转，吉尔伯特是越来越多的自然哲学家中的一员，他们认为亚里士多德的宇宙学从根本上就是错误的，一代又一代的天文学家和其他有学问的追随者，在没有认真研究的情况下，延续了他那些错误的假设。这是一个激进的观点，因为亚里士多德对科学和医学的影响是巨大的，即便他的研究不是全部正确。

吉尔伯特在医学和自然哲学的实践中是一个激进且尖锐的反亚里士多德主义者。他相信亚里士多德的学问已经被他的赞助人亚历山大大帝的影响所腐化。亚历山大大帝，像我们之前提到的，将自己打造成希腊神赫拉克利斯的阿波罗雕像的原型。文艺复兴时期的新柏拉图主义者认为，后人对柏拉图的重新理解，挽救了人们对旧哲学传统的真正认识，这在根本上纠正了被腐化的亚里士多德的著作。尽管古希腊哲学家一直想赋予包括地球本身在内的月下世界积极的力量，但亚里士多德却推翻了这一点，他将地球牢牢地置于宇宙中神圣境界之外。像吉尔伯特这样的新柏拉图主义者，将尘世赋予神圣的意义，被认为是使磁石球活跃两级的力量标志

极点可以为吉尔伯特这样的哲学家做一些特别了不起的事情。它们的吸引力可以使相隔一定空间距离的磁性物体相互吸引，这个距离可以是很远的天文距离。物体在没有中间介质相连接的情况下产生相互影响。吉尔伯特哲学理论中提到的空间是真空的，这对磁性物质相互吸引来说没有任何障碍，这一点亚里士多德并没有提到。这也与吉尔伯特同时代的笛卡尔的机械理论相悖，笛卡尔认为空间中充满了微小的微粒，因此作用在远处的力被分散为短距离上大量的相互作用力。无论是在地球表面的任何地方，或者是穿过空旷空间的外太空，磁极都可以控制铁针，这挑战了其他学派哲学家的核心原则。极点极为重要！

月亮是距离地球最近的天体，它同样受"灵魂物质"的影响。它的运动路线很大程度上取决于来自地球的"灵魂物质"的相互吸引（这最终影响了牛顿的万有引力理论）。吉尔伯特意识到，月球的"灵魂物质"导致了地球上海洋的潮汐现象，这在此后被皇家天文学家埃德蒙哈雷（1656—1742）证明。吉尔伯特曾经是一个严格的

观测者，他用自己的肉眼、用他能得到的最好的仪器，根据对月球的观测绘制了第一张月球地图。在吉尔伯特的月球地图上，北极位于北极圈北部的一个叫北岛的岛屿上！

吉尔伯特磁化过的磁石球的极点被定义为地球表面上磁力强度最大的点，但讽刺的是，组成这些极点的物质是普遍且广泛存在的。磁石和铁这种磁性物质在许多国家都能找到，据说磁力最强的磁石在中国。吉尔伯特认为，世界各地的土壤种类不同，所以磁石种类也不同。不同的气候地区、不同的区域、不同的大陆都能发现磁石，没有发现磁石的地方要么只是暂时不为人所知，要么是埋得很深、要么是难以获得。总之，凡是有土壤的地方，都有极性存在。

吉尔伯特是一个辩证的读者，他有一个藏书丰富的图书馆和完备的信息网络。他从一些错误百出、不加批判、抄袭漫天的图书中，尽可能多地挖掘出关于磁性的相关内容。然而，在这些书中，一本剽窃而来的书却非常有价值。1572 年，一位名叫让·泰斯尼尔（1508—1562）的人将这本书作为遗作出版，后来人们发现这本书直接抄袭了 13 世纪中期一位名叫皮埃尔·德·马里库特的法国军事工程师的著作，该著作对于地磁的研究绝妙而有见地。马里库特是一个少见的有兴趣自己进行试验的人，在 1271 年他使用拉丁文笔名"外邦人"写下这本书。马里库特的手稿，或者是复印版，交给了他牛津大学的朋友罗杰·培根，并在那里复印了多份。

吉尔伯特认为马里库特是一位严肃的思想家和对话者，尽管它们两者相隔了三个世纪。马里库特的论文揭示了吉尔伯特将采用并改进一种实验方法，来证明他对一个运动的地球的信仰。马里库特已经认识到磁性材料有磁极，把磁极的发现归功于他是公平的。他以亚里士多德的方式论证了地球上的磁化材料的磁性来自宇宙或天极。文艺复兴时期的新柏拉图主义者将会在最近的天体——北极星——中找到磁源。吉尔伯特扩展了关于天体磁极的概念，并将这个概念延伸到地球上的物体。由于吉尔伯特是哥白尼派学者（或近似哥白尼派学者），他不认为宇宙是像机器一样运转的，相反，他认为转动的地球有一些"赋有灵魂"的极点和伴随它们转动的神奇力量。

极性仪器和实验

要想使这种新的有争议的"赋予灵魂"的极性理论理论令人信服，就需要有力的证据支持，而对此敏感的吉尔伯特再起著作《磁石论》，对其理论进行实验证明。16世纪的仪器制造有很多创新点。新型的磁极仪器在吉尔伯特的模型和实验构建中起着关键作用，通过这些仪器吉尔伯特可以设想一个有灵魂的宇宙和活的地球。他至关重要的工具——球形磁石，是马里库特的工作室生产出来的，由于磁石球带有极性并且呈完美的圆球形，马里库特将其类比为宇宙中的天体。为了明确表示磁石球不仅仅是地球的类比，更是一个缩小版的地球，马里库特将磁石球重新起名为"小地球"。

小地球是球形的很重要吗？它不像其他磁铁那样呈块状，作为一个微缩版的地球，它当然需要和地球形状一致。不仅如此，吉尔伯特需要弄明白并证明他的理论中的一个中心论点，即极点是导致地球旋转的原因。

在谈到马里科特的工作时，吉尔伯特重申了他的观点，即球形磁石中的磁是有灵魂的，这使得磁石球像哥白尼学说中的地球一样缓慢地绕轴旋转。吉尔伯特努力通过实验来证明这一点，但事实证明这是一个非常困难的事情，就算他的试验成功了，这个实验也不可复制。然而，在探测器——一个非常灵敏的静电验电器——的帮助下，当针接近磁石球时，它就会做圆周运动，这表明磁引力的轨迹呈圆形或曲线型而不是直线型。针运动的弯曲路线揭示了作用在针上的磁石的磁吸力有旋转特性，这意味着，与磁石相同，微缩版的地球也有旋转的特性。

吉尔伯特并不是唯一一个探寻磁极仪器来促进人们对地球的实验性认知的人。他同时代的罗伯特·诺曼是一位航海家、仪器制造商和新柏拉图主义者，他发明了一种原创性很高且实用性很强的仪器——磁倾针。指南针通常水平旋转并用一张卡片指示方位角或方向，与指

LAPIS POLARIS, MAGNES.
Lapis reclusit iste Flauio abditum   Poli suum hunc amorem. at ipse nauita.

南针不同，磁倾针的安装方式使其能够在包括垂直方向
在内的所有方向上自由摆动。这就使得将磁极定位在地
球内部而不是地球表面成为可能。倾斜针通过一个从星
盘上借用而来的刻度表，来测量地平线和内部磁极之间
的夹角。一个旅行中的观察者，不管是水手还是测量员，
在有磁倾针的情况下，当它指向地平线以下深入地球时，
同样可以跟着磁针走。通过航行寻找针尖直指地面的位
置，磁倾针将标记出地球表面磁极上方的准确位置，无
论距离地理极有多近或多远。事实上，这就是磁倾针所
能做到的。大约 250 年后的 1831 年 6 月，詹姆斯·克拉

约翰内斯·斯特拉达
努斯对弗拉维奥·阿
马尔菲塔诺研究的描
述（约 1580）说明了
隐藏在磁石中的极性
之谜是掌握和解指南
针、导航和地球仪的
关键

磁偏角仪后来被称为倾角仪，它使导航员能够通过测量磁极（地球内部）与地平线之间的角度来确定纬度。来自《磁石论》（1600）

克·罗斯（1800—1862）利用磁倾针到达了加拿大北极地区。

吉尔伯特推论说，地球表面的极点是地球上有灵魂的磁引力的焦点，但这种物质是通过磁铁矿或铁的沉积物扩散到整个地球的。如果这是真的，那就说明磁极在地理上根本不是罕见的资源，只是一些磁引力比较密集的地方。当时，这类极点并不像托勒密时期唯一崇高的天体极点那样享有特权；它也不是隐藏在世界顶端某个地方的灵魂的化身。相反，磁极是一些有灵魂的物质的累积，根据无迹可寻的未知规律，这些物质广泛分布在大陆表面及地球内部（但不存在海洋里）。

　　指南针未能在北纬90度指向地理北极，这要么意味着指南针失灵了，要么说明了磁极位于地理北极以外的地方。吉尔伯特推断，地球大陆上降解的磁性物质干扰了指南针，使其产生了偏差。这个偏差一共有两种类型，水平方向的偏差被称为磁偏角，垂直方向的偏差是磁倾角，这两种偏差如果能够被测量和绘制出来，就可以被掌控甚至被利用。利用这些复杂的偏角的情况越来越多。在吉尔伯特去世很长时间后，1622年至1633年间在伦敦进行的一系列实验证实了地磁场的长期变化，即地球磁场随时间推移而变化。因此，对地球磁场进行细致入微的实验，在发现不同寻常的新理论的同时，也带来了一些麻烦，阻碍了对极点和极性全面而连贯的解释。

绘制极点地图

　　磁偏角和磁倾角确定了《磁石论》发表后两个世纪地磁研究的主要问题。如果磁极不在地理北极，那么只有将导航员、仪器制造者和哲学家联合起来才能发现它。只有到那时，他们才会明白该用什么仪器，如何使用它们，以及要找什么。认真的航海家知道，当距离很长时，地理极与磁极之间的角度变化不特定，这使他们对罗盘产生了怀疑。其中一个解决方案是使导航仪器变得足够简单和坚固，即便是在公海也很可靠。但还有一个更令人不安的问题，那就是导致磁场变化的原因本身。地理极和北磁极之间的这种变化甚至可能在一天的时间内发生（长期变化），这是一个非常棘手的问题，意识到这个问题的仪器制造商和自然哲学家沮丧地想扯自己的头发。仪器制造商需要向顾客保证他们的仪器是有效的，而自然哲学家则需要知道为什么仪器不起作用。

解决办法是将大家联合起来。在格雷森学院（英国皇家学会的前身），实用数学家、仪器制造者和哲学家可以凑到一起工作。他们在工作室、实验室、远海轮船的甲板上一同工作。由此产生的是一种研究探险的新模式，这种探险将定义未来几个世纪的极地探索之旅。1631年，托马斯·詹姆斯船长（1593—1635）驾驶"亨利埃塔·玛丽亚"号轮船启航，他试图开发一条西北航道，他船上的探险队配备了一组由他私人出资的高级导航仪器，其中就包括一些先进的磁性仪器。

詹姆斯得到了一系列种类繁多、用途各异、令人眼花缭乱的仪器。冈特的象限仪和15～18厘米长的十字测天仪被选中用以导航。其他的仪器，如"装满了在英国能用钱买到的、最好的、最精选的数学书籍"，用于测量和天文学。对这次和随后的极地探险具有持久重要性的是亨利埃塔·玛丽亚的磁性仪器：六个制作巧妙的子午线罗盘；还有其他几十个制作普通的。长1.8米的方盒中有四个指针，另外还有四根特别的指针。这些不是普通的指针，它们很特别。它们是磁化过的或被"英国最好的磁石"接触过的磁针。在探险期间，如果有需要，这些指针可以通过一个特殊的磁石被重新磁化，为了预防弄错，它们的南北两极都被标记过。

北极是一个严酷、诱人又无情的试验场。皇家学会海军部的探险队遵循托马斯·詹姆斯的探险模式来到帝国的偏远地区，带回了许多珍贵的磁变化数据。区别坏仪器和坏观察者是困难的，这在大多数时候是无解的。因为当船接近磁极时，磁场会急剧增强，所以跟踪磁场变化本来就很困难，而必须在极冷的条件下使用仪器，更加大了难度。

有记录显示指南针有时表现不稳定，它经常一会儿向这转，一会儿向那转。这种变化的发生不可预知，他常常会让人们困惑和惊愕，让人们看不见探险的希望。观察家和仪器制造商的声誉也受到了考验，甚至到了崩溃的地步。虽然吉尔伯特可以在他的工作室里舒适地"航行"到极地地区，但事实是，极地寒冷刺骨的气候，不利于仪器工作，因此要在极寒条件下处理仪器，使它们能够可靠地工作。季节性光线的快速变化对景观产生了影响，愚弄了人们的感知。磁性，基本上是既看不见又摸不着的，它小心地阻挡了科学界人士试图在冻土带和极地海冰表面下揭示其本质秘密的企图。这些地球散发出的力量——光、冷和磁——产生了难以应付且变化无常的能量，一些受到奉承的观测者仅仅为了欺骗，在许多期刊上发表了方向不正确的文章。

查尔斯二世时期的水文学家约瑟夫·莫克森（1627—1691）曾说过，船只"在北极地区一定会迷失方向"，在一本关于极地航行的小册子中他描述了如何处理极地迷航。在高纬度地区经历的迷航是符合逻辑却又自相矛盾的，因为指南针"总是指向北方……必须不加区别地重视地平线上所有的点"。在那里，站在磁极上方，磁倾针可以指向下方——但是磁极在往下多远的地方？磁力的本质是什么？当磁倾针与地球的极点对准时，它代表站在极点上方，但它也代表迷失方向；在那一点上，指南针只能指向南方或胡乱地来回旋转。这和站在地理极点上没有区别，每个方向都是南方。两者的原则都是一个空间定向系统，需要观察者和地标之间保持距离，当这个距离消失时，它对定向的作用也就消失了。

如果寻找磁极的磁针不是被吸引到一个而是两个或更多的内部磁极上呢？

年轻的天文学家爱德蒙·哈雷在1683年向皇家学会提出了他的分析，或者至少是一个推测，即导航员报告的变化测量结果，结合在一起时，表明不是有一对而是有两对极点存在。哈雷给四个极点起了名字。他使用了最接近两极的大洲来命名：欧洲（斯匹次卑尔根）和美洲（白令海峡）的北极，南美洲（太平洋）和南亚（在现代印尼苏拉威西岛以南的南大洋）的南极。在极地和温带地区，每个极点在其所在区域和邻近地区都占主导权。在地球表面的某些位置，两极的吸引力最终得以平衡，因此不产生变化。连接这些点的线被称为零变化的"角线"。哈雷推测，磁针的行为受"相同性质的两个磁极的平衡力"支配。在赤道地区，某种程度上，四个极点都被认为具有重大影响力。

通过牛顿（1643—1727）的工作，力和引力的概念在 17 世纪后期得到了更好的理解。然而，磁极仍然难以被解释，使吉尔伯特磁极"有灵魂"的概念随着机械理论的发展而被抛弃。尽管如此，哈雷仍坚持认为，如果只有航海者能够建立足够数量的磁观测资料，那么绘制磁变化图是发展可靠的海上经度测量方法的最佳解决方案。哈雷承认，在不基于大量航海观测的情况下，他很难证实四极模型是有效的。通过识别变异随时间变化最大的区域，哈雷提出了一个新的更复杂的假设来解释变异和倾斜的不均匀变化模式：一对极——欧洲、美洲南部的极，是固定在地球的外层固体外壳或外皮中的极，而另一对极（美洲北部、亚洲南部）是随着时间的推移穿过地球的流体磁核。为了把观测数据整理得更符合理论，欧洲极的假定位置也从俄罗斯转移到英格兰北部的极地海洋。

对于任何一个不确定指南针是指向一个极点，还是在任何时候被两个或四个极点的力拉动的航海家来说，事情并没有变得更容易。然而，哈雷坚持认为磁极的运

哈雷试图利用过去、现在和未来的水手的观察，绘制出他认为的，地球内部四个磁极的地图

动可以被观察到，并会在一段时间内被解码，然后被理解为一个系统。与此同时，他发表了他的第一张等角图，这张图显示了全球范围内的等差线。在这些线靠近南北子午线的地方，航行在东西方向的航海家将越过这些线，并能够使用哈雷的海图来确定经度。在全球范围内绘制不断变化的等角线，虽然是一个令人激动的想法，但实际操作起来却很难。更糟糕的是，哈雷的最新观测表明，南北半球的两极实际上并不完全相反。如果北极和南极

不是对立的两极，那它们是如何联系起来的？

　　笼罩在不确定、看不见和变化之中的两极呈现出了一幅与吉尔伯特一个世纪前设想的截然不同的景象。新颖的仪器和实验帮助我们释放了一个难以控制的哲学世界。在地球内部运行的流体磁力线催生了新的测绘探险。在地球表面航行的船只遵循的不是像固定磁块或磁石球那样受定律指引的仪器，而是受不规律运动的磁极指引。一百年过去了，吉尔伯特通过磁石球航海的信心似乎是错付了。

　　在过去的 150 年里，极点发生了很大的变化。沃纳和阿皮安那个时代的宇宙学家致力于研究亚里士多德和托勒密的理论，他们描述了一个由六个永恒不变的极点组成的宇宙：两个天体、两个黄道（太阳轨道的极点）和两个地理极点。哥白尼日心宇宙学说的出现，阐明了每一个绕轨道运行的天体都有自己独立的自转极轴。尽管天极在仪器、模型和占星术的设计中仍然占有重要地位，但它们已经失去了定义宇宙唯一轴的既定身份。像吉尔伯特这样的新柏拉图主义者的万物有灵论颠覆了这个规则，他认为磁化的物质本身是有灵魂的。每一个被磁化的物体，包括地球、月球和太阳，都通过各自的磁极使自己运动，这使磁极数至少增长到了 12 个。

　　对于像乔达诺·布鲁诺（1548—1600）这样的新柏拉图主义者来说，新极点和新世界可能是同时存在的。他认为，在原则上，世界可能是无限多的，通过引申，他还认为极点和生命本身也是无限多的。这种激进的哲学多元主义使他失去了生命。吉尔伯特的磁学实验表明，磁极根本不能凸显出宇宙的神圣和谐，相反，它广泛存在于磁石中，但磁石是有灵魂的。在这种情况下，通过将磁石开采出来并压成碎片可以创造出无限多的极点。也就是说，虽然吉尔伯特既不是第一个制造磁石的人，也不是第一个接触（或磁化）铁针的人，但他做了一些非常特别的事情。通过演示创造新磁极的方法，他通过实验证明，或者说他相信，任何磁性球体都会绕其轴旋转。

吉尔伯特和他的同时代人的实验也为研究地球高度变化的内部运动开辟了道路。地磁场表明地球内部存在一种通过两极向外引导的原动力。就像一扇大门，通过它，这种吸引力可以在地球内外传播，磁性可以吸引拥有类似物质的遥远天体。因此，两极可以在遥远的距离上吸引物体，连接地球的内部和外部。地球表面两极的裂痕，正如它们使自然哲学家感到困惑一样，很快就会在具有文学头脑的哲学家、乌托邦和许多流派的作家的想象中找到肥沃的土壤，我们将在下一章回到这个主题。

第四章　北极之旅

    英国最成功的极地探险家爱德华·帕里在 1827 年试图到达地球北极的前夕写道："在那些尚未完成的事业中，我认为没有比这更值得做的了，这些事业的目标是完善我们对地球表面的认识……几乎没有什么比试图到达地球北极更容易实现的了。"在进行这种探险之前，这种毫无防备的乐观态度是很奇怪的。8 年来人们对西北航道的探索如同在错综复杂的迷宫里找出路一样，寻找北极这一新目标或许不那么复杂且会令人耳目一新。在专家中，帕里并不是唯一一个相信胜算在他这边的人。小威廉·斯科茨比，捕鲸者和博物学家，英国最有经验和最具权威的北极航海家，在 1815 年的 10 年前曾大胆说过，"从斯匹次卑尔根北部到北极的冰面之旅"可能会有"成功的可能性"。50 年前，英国皇家学会副会长兼地理学家戴恩斯·巴林顿认为，使用两艘军舰通过海路航向北极是"可能的"和"可行的"。这似乎意味着勇敢的航海家靠近北极只是时间问题。

    这种对成功的一致预期，可能更多的是一种伪装成查尔斯骑士戴恩斯·巴林顿（1795），仿约瑟夫·斯莱特（1770）的画作。巴林顿是一位富有的绅士和古董学家、博物学家以及地理学家，他还是一位大力提倡探险北极的人

科学推理的广告和炒作，为这一奇妙的冒险赢得支持者。事实上，这种乐观主义掩盖了极地探索的深层次分歧。如何到达北极在很大程度上取决于多变的气候和海洋条件。北极会是一个岛屿、一片开阔的海洋、一块光滑的冰、锯齿状的冰还是这些的组合？没人知道。但对于富有的绅士巴林顿来说，探索北极作为对知识和推理的运用，是一个不错的消遣。

从英国皇家学会早期到 19 世纪末，地理学家一直认

为极地海洋是无冰的。像罗伯特·博伊尔这样有学问的人声称，海冰是在陆地附近形成的，但地理北极远离陆地，因此不会形成海冰。1815 年，多年来致力于研究北极自然历史的斯科茨比发表了一篇关于不同种类的冰及其形成和结构的博学研究。他和他在爱丁堡大学的教授们坚信，他在多个季节，在高纬度捕鲸时看到北极周围有相当数量的冰。这个观点不是每个人都同意的。帕里的赞助人约翰·巴罗赞成北极海域无冰论，并嘲笑斯科茨比的观点，称之为一个"无意义且缺乏考虑的计划"和"一个混乱幻想的疯狂猜测"。最后，帕里的探险最远到达了北纬 82 度 45 分，这多亏了北极附近的海冰向南快速地漂移，这样他才得以乘雪橇北上。斯科茨比被证明是正确的。

人们期望一劳永逸地征服北极，但实际上这从未发生过。北极从未被开发也从未被征服过。相反，在接下来的两个世纪里，随着目标极点的移动，挑战将被重新定义，新的航行技术将被发明，飞行员和潜艇将会出现，与探索相关的创新将持续增加。这样一来，极地探险就变得很特殊。在北极航行的整个历史中，北极圈仍然是一个特例，永远不会成为一种寻常事物或普遍规律。

最早的北极航线由罗伯特·索恩（1527）、休·威洛比（1553）、威廉·巴伦茨（1596）和亨利·哈德森（1607）提出，人们认为这是有可能通往中国的贸易路

线。极点被无冰海域环绕的想法极具商业吸引力，因为
这为新的贸易路线提供了可能，人们从中看到了巨大的
商业价值。每年把北冰洋作为避暑胜地的人和在北纬80
度的斯匹次卑尔根海岸建造棚屋并搭建大锅煮琼脂的捕
鲸者，最终确立了航海的实际限制。几年来，斯匹次卑
尔根以北的冰墙有的裂开，有的后退或断裂，然后，一
些勇敢的捕鲸者向更远的北方进发；其他季节，冰层覆
盖着海岸，捕鲸者们只能远远地站着。对于北方来说，
其本土知识和传闻轶事在社区中流传。

从康斯坦丁·菲普斯（1773）的航行开始，到达北
极更多的是对速度、技能和战术的考验，而不是用一条
通往中国的新航线与西班牙和葡萄牙抗衡。自然哲学和
磁力学也是计划的一部分，以托马斯·詹姆斯与海军部
和格雷森学院合作的模式为基础。菲普斯的航行实际上
已经演变成了一个被美化的"障碍赛"，它被认为是单赛
季比赛，需要队员在冬季来临前冲到北极再返回家中。
帝国精神和征服精神当然存在，但现在的关键参数是速
度、设计、时机和战术。

这一时期的海洋探索，在一群不同种族的人到北极
附近一个仓促搭建的雪台上拍摄他们自己的照片时，达
到了帝国主义的顶峰。这是地球地理想象故事中的一个
简短章节：零星的事件分布在长达150多年的实际探索
中。在19世纪末，寻找地理北极被当作一种比赛和帝国
欲望的表达。库克船长的环球航行是对最严酷的自然地

理进行的终极考察，也是在领土权力之外的象征性行为，从库克船长的航行开始，寻找地理北极就被视为全球探索启蒙计划的最高成就。事实上，最终并没有人航行到达北极。这些航程主要发生在历史上的某个时刻，当时的主角英国、美国、挪威和俄罗斯正处于帝国主义的上升时期，或是想要重申政治实力的阶段。在民族主义野心浪潮的高潮中，极点的象征性价值往往随着国家政治、经济走向而跌宕起伏。

　　北极之旅，无论多么艰难，或离我们的社会多么遥远，都是工业社会物质与组织的反映。像菲普斯的"赛

巨大的冰障阻碍了像"卡尔卡斯"号（1773）这样的军用战舰的通过，这是英国人通过海路接近北极时一个反复出现的主题。约翰·克利夫利的插图，1774 年

马"号和帕里的"赫卡拉"号这样的探测船是炸弹船，强大的战舰适用于撞击冰，而不是敌舰。导航仪器汇集了工匠和科学工作者所掌握的最先进的技术。菲普斯受经纬度委员会委员的委托，将肯德尔的 H2 测时计一路带到北极，看它能否在极端的海洋环境中走得准。在后来的航行中，人们用铁来构建船只。19 世纪，皮革装订的探险小说使用先进的蒸汽动力印刷机印刷，这使得大众阅读市场到达了一个新的高度。尽管极地航行经常被浪漫化成与自然的对抗，但它们明显带有工业化社会的特征。

在一个季节里航行到极点并返回的航行模式源于启蒙运动。布干维尔伯爵是一位来自法国的航海家，他是库克在环球航行方面的对手，他公布了他起草的一份去北极旅行的提案，但未能获得财政支持。不久之后，1773 年，英国海军部委托康斯坦丁菲普斯驾驶"卡尔卡斯"号前往北极。当他行驶在去往北极的途中时，他收到指示要求他立即返回英国，不要越过北极航行到太平洋。菲普斯的航海日记（1774）和他同时代的库克船长的一样，是合作写的，而不是单独写的。他们航行的图片和文本叙述提供了丰富的原材料，激发了 19 世纪早期包括玛丽·雪莱、塞缪尔·柯勒律治和罗伯特·索西在内的欧洲浪漫主义作家的灵感。

北极奖

　　任何名副其实的地理考察都需要奖励制度和一套标准体系。1776 年，议会为开发西北航道斥资 20 000 英镑（约 170 700 元人民币），这与发掘寻找经度的准确方法的奖励数额相同。议会拨出了一笔数额较小但仍然相当可观的奖励，用于航行到距离北极一个纬度以内的地方。最初，横渡北纬 89 度被认为离北极足够近而可以获奖，但事实证明，它实在是太远了，无法吸引奖励的主要目标，即北极捕鲸船的船主和船长。他们担心，接受挑战行驶的路线会偏离捕鲸场，从商业的角度来看，这行不通，更糟的是，这样做还会使船只的保险失效。这个挑战的风险太大，不值得冒险。因此奖金是一种无效

距离北极最近的陆地是斯匹次卑尔根岛，位于大约北纬 80 度，自 16 世纪以来一直是欧洲捕鲸基地的所在地。它经常被用来展现北极景象。P. 奥弗涅作，1774 年

的激励。

1818 年，当海军部重新开始极地探险时，《经度法》这套新的极地探险激励办法被推出了。这部法案的名字叫《经度法》，但是它实际也包含了《纬度法》，就像西北航道以其北部而非西部边界所界定。为什么探索北极应该得到与探索西北航道不同的悬赏金，揭示了不同探索逻辑的重要的区别。

1776 年，议会推出的《北极探索法案》的措辞提供了线索。"接近"一词是用来描述北极的航行，而"发现"一词用来描述完成西北航道的探索。同样，北极奖的申领者被称为"接近者"，西北航道奖的申领者被称为"发现者"。对接近而不是发现通往某个地方的海路的人的奖励报酬较低，这表面上看是一种较低的成就，但却指向了另一种航海方式。地理调查的崇高理想揭示，如果可靠的天文观测和航海日志被充分地记录下来，那么大西洋和太平洋之间的北部航道可能是一个决定性的发现。但是，北极的位置已经被精确地定位了，这是一个不太可能到达的目的地。那么，什么样的极地航行算是"发现"呢？一条横贯太平洋的航线可以被"发现"，但北极奖的申领者如何能够证明北极准确的位置，一个无穷小的点，实际上已经被"到达"了吗？多近才算是近？还是说人们一直在接近，从来没有真正到达？

这种有关接近的悖论是一个社会的象征，在这个社会中，精密测量变得越来越重要。北极是地图上经线的原点，是其辐射线的发源地，因此是无法测量经度的点。对经度的探索已经成为 18 世纪文学家和哲学家乔纳森·斯威夫特讽刺和怀疑的普遍来源。这既是一个反对极地探索的文化论据，也是一个幻想的来源，一种对极地的猜测。当然，极点的悖论确实对制图者很重要，他们必须对投影和变形做出实际的决定。即使是一个简单的问题，如海员如何通过指南针确定他们的船在地球上的路线，也要求了解极地悖论。如果转置到地球仪上，控制一个稳定的偏北方向（如东北方向 45 度）会出现一个绕北极旋转的螺旋。这条海上"伦布线"会一直接近极点，但却永远不会真正到达极点。事实上，如果没有障碍的话，理论上任何指南针都会将人导向北极或南极。从这个意义上说，条条大路通北极（除非沿着东西向的纬度行走），也意味着没有人会真正到达北极。

　　戴恩斯·巴林顿认识到，悖论可能会阻碍北极探险，这要么是因为人们可能相信悖论，要么只是喜欢悖论不想抨击它。于是，他采取行动出版印刷品来反驳这种普遍的反对意见。巴林顿不耐烦地解释说，即使是朝着正北行驶，"接近极点下的一条航道"也被"许多人认为是自相矛盾的"，因为他们相信这会"破坏指南针的使用"。在那时，人们早就知道指南针并没有指向地理极点。即使自哥白尼和牛顿以来的科学研究表明，"走出去、去寻找"这种地理经验主义，难以产生明确的发现，人们也不得不承认，海洋探索是科学研究必不可少的实验工具。

这是一个很好的论据，有助于证明极地考察是一项严肃的、能产生持久利益的知识生产活动。

巴林顿在他的论文标题中使用了"可能性"一词，这告诉了我们一些关于北极和北极探险的本质。像罗伯特·博伊尔这样的科学权威认为，海冰可以在海湾和河口形成，但不能在远离海岸线的海上形成。巴林顿认为，从这个意义上来说，很可能存在一条无冰且没有障碍的航道。当时的实际挑战是找到一种方法，沿着俄罗斯、斯匹次卑尔根和格陵兰岛的海岸线，驶过环绕北冰洋的冰障，到达理论上所认为的无冰的极地海洋。

巴林顿是一位古董商，他痴迷于收集以前北方航行的信息。他挖掘的大量材料显示捕鲸船已经到达过北极附近，或者至少到达过纬度非常高的地区。据说至少有6艘船只达到了86度、3艘到达了88度、2艘到达了89度、1艘达到了89.5度。很难说这些消息来源有多可靠，因为这些数据在大多数情况下缺乏证据：日志和天文观测被认为是乐观主义和实证之间的区别。一代人之后，小威廉·斯科茨比在其对北极地区的权威性描述（1820）中也这样认为，他表示，巴林顿提及的有关北极的成就，没有一项能够通过观察和日志得到足够的验证。一些捕鲸者，他们没有受到任何质疑，但他们的故事就是这样，不可靠，而且容易被夸大。通过这种方式，发奖的评委们，根据他们自己的当代精确测量标准来定义奖金的规则，这能够抹去过去那些声称已经接近北极的航海家们

小托马斯所画爱德华·帕里，仿自1820 年德拉蒙德的画作。1827 年帕里的北极探险，让他成为他那个时代英国最著名的探险家，仅次于不朽的库克。他曾指挥过三次西北航道探险，在北极航行方面积累了丰富的经验，对因纽特人的文化也有着非常深刻的理解，尽管他的理解有些瑕疵

的污点。

巴林顿的第二手资料显然产生了一些影响，他说服经度委员会为接近北极（即北纬 89 度）的奖励设定了一个非常苛刻的标准。考虑到经纬度委员会的成员是经验丰富的天文学家们，他们有足够的能力去仔细审查，并抓住任何向他们请愿的人提出解决经纬度问题的最细微的错误，他们期望能发现虚假、无能和自欺欺人的人。北极对于大多数航海家来说确实是遥不可及的，因此，

北极奖几乎没有吸引任何一个潜在的探险家冒着巨大风险到达北纬 89 度。

政府最终意识到，如果想解决极地探索的问题，就需要改变规则。根据斯科茨比和皇家学会主席约瑟夫·班克斯的建议，政府在 1818 年对该法案进行了改革，允许按比例给予奖励。当时的想法是将探索北极和探索西北航道分成几个阶段，从而改变"要么全有，要么全无"的现行规则。例如，北极探索的奖励将从北纬 84 度开始，每向北增加一个纬度就提供 1 000 英镑（约 8 500 元人民币）的奖励，最终在北纬 89 度升级至 5 000 英镑（约 42 100 元人民币）。班克斯和巴罗权衡了西北航道探索和北极探索的利弊之后，他们决定"双管齐下"，他们装备了四艘战舰，每个探索目标分配两艘战舰。当北极探险的船在冰层的重击下勉强能一瘸一拐地返回英国时，极地探索几乎要接近西北航道。跨越波利尼亚斯群岛，穿越厚厚的海冰是一项艰巨的任务，这个任务有时很危险，有时很乏味，完成这个任务需要一些推理——在众多岛屿上，大部分沿海水域有冰层覆盖。这些在因纽特人集聚区中心的探险大多止步于此，没有向北继续。他们几乎总是沿着北部海岸线，从未穿过冰障进入公海。

科学改革的氛围急剧转变，与詹姆斯、菲普斯和库克倡导的那种由国家资助的科学和赞助体系不同，在这一时期（1818—1830），政府可以以科学的名义为费用高昂的探险活动拨款。在对裙带关系的强烈职责中，极地探险的可信性与"科学衰落"的叙述联系在了一起。在1827年帕里没有成功达到北纬83度后，《经纬度委员会法》和极地奖金被一举废除。半个世纪后，海军部才再次尝试奈尔斯远征。

这真是一系列复杂的宇宙学领域的赌博和冒险。这是我们在整个历史上一直局限于地球表面的人类困境的一部分。即使是通过科学实验和观察，也很难摆脱这种地表生命的命运，去发现我们无法想象的星座和地质力量背后的伟大真理。启蒙哲学家伊曼纽尔·康德将此描述为对方向的探索。他说，要知道我们在哪里，同样也是一个了解我们是谁的问题。

探索地球总是需要即兴发挥，这是一项混乱的工作，而不是一门完美的科学。固定框架的观念——一个俯视世界的客观视角，是乌托邦式的幻想。对北极的渴望促使人们探寻更多的地理知识，找寻我们被地球束缚的痛苦困境的解决办法。

如果北极能够通过掌控磁性仪器来到达，就像吉尔伯特说的那样，把天空和地球的深层灵魂联系起来，那么这也是对人类活动现实的严重局限性的一种有力的认识，即人类无法在地球表面上下移动太多。对于极地规划者和探险家来说，接近地球的两极要求他们将人类活动推向极限。

计划、组织和纪律、耐力和新技术——所有这些都是关键因素。最熟练的探险家也认识到，集中精力观察、注意和倾听北极自然变化的风貌，会提高成功的概率。灵活调整策略是至关重要的。只有到那时，人们才能知道，极地是温暖、无冰的这一理论究竟是真的，还是一堆应该被抛弃的毫无根据的空想。眼见为实是地理经验主义者的信条，他们相信，事实只有通过搜索、观察和记录才会被揭示。

规划极地探险意味着应当对技术设计和行动计划做出详尽的思考。极地探险队经常吸纳一些独特的设计特点，如蒸汽机或冰加强船体，与此同时，他们把注意力从泄漏的船只、故障仪器和逃离的船员上移开。在这方面，帕里 70 天的北极之旅是远征设计的里程碑。

他在四次西北航道探险中发挥了领导作用，这给他在北极水域航行提供了丰富的经验。尽管他拥有两艘在北极冰面上行驶的重型战舰，并携带了数量庞大的船员，但他依旧不忘向因纽特人学习。他的探险队有丰富的探查经验，探险小分队的队员使用雪橇滑行，敏捷而又灵活，可以直接了解冰面的状况和地形。帕里厌倦了遵守官员和海员纪律的日子，他渴望和几个他亲自挑选的船员一起航行。没有找到西北通航道使人感到气馁，去北极的雪橇旅行成了替代品，它提供了一种受欢迎的消遣方式。一艘军舰将会驶抵北极，将雪橇队运送到斯匹次卑尔根北部海岸的出发站点，并提供必要的补给。

在他外出期间，这也将为科学实验提供一个安全平

台。撇开这些考虑不谈，这个计划是灵活而又轻巧的。

　　帕里的雪橇之旅是基于十多年前小威廉·斯科茨比的计划。帕里和斯科茨比一样，在北极待了足够长的时间，他对北极海域无冰论持否定态度，或者至少是持保留态度。斯科茨比因此提出了一种雪橇设计，由狗或驯鹿牵引，能够在极地海冰上保持良好的速度。一个关键的条件是在春季冰层破裂前提前离开，这可以最大限度地保证在连续的冰层表面行驶。帕里还经历了各种各样的冰况，包括冰原或浮冰被挤在一起形成的压力脊，以及意外的开阔水域。因此，跟斯科茨比一样，提出一个

这幅图描绘了斯科茨比的船员拼命营救一艘船，这艘船的龙骨被冰损坏，这张图展示了极地航行是多么的危险，即使对最有经验的捕鲸船长来说也是如此

多功能的解决方案是有意义的，一个"轻重量两栖船，既可以在水上航行，也可以由狗或驯鹿牵引，由风帆辅助在冰面上航行"。

当谈到对雪橇设计做出关键性改变时，帕里的决定与斯科茨比的建议背道而驰。理论上，轻便和灵活是雪橇设计的核心，但实际上帕里的两栖船每艘都重达 699 千克，满载时重量可达 1 703 千克。在那时的英国，海军的设计比当地人的设计要好很多。这些船是在伍尔威奇建造的，船身的建造基于 6 米长的军舰模型，龙骨以桦木和山核桃木为框架。光滑的雪橇滑板由金属制成，固定在龙骨的两边，使船可以像雪橇一样滑行。三个轮子中的两个直径约为 13 厘米，另一个稍小的轮子，有一个

根据威廉·帕里在西北航道探险时绘制的一张图《夜晚停泊的船》。这幅图片展示了创新设计的两栖式雪橇，可以用于穿越海冰和开阔水域，以到达北极

旋转装置，可以像轮椅一样转动，在探险中为减轻重量而被丢弃了。防水帆布使船免受雪和浪花的侵袭。由马毛做成的绳子系在雪橇滑板的前端，每一个雪橇滑板又用皮挽具或者肩带相连，用来拖船。为了航行，一根 6 米长的竹制桅杆上配备了一张帆布船帆。当时的想法是，14 名船员将驾驶或划船横渡开阔水域；或将船拉到冰上，在特别光滑的冰面上滑行，用轮子来尽量减少摩擦；或是依靠雪橇滑板在那些冰面凹凸不平的地方行走，但事实上，几乎所有地方的冰面都不平整。

两辆雪橇载了很多运往北极的货物，总共重达 3.5 吨多。回顾探险队的失败经验，斯科茨比认为雪橇重量太重，使得探险队在出发前就已经没有机会成功了。把沉重的雪橇从水里拖到浮冰上是一项困难又艰巨的任务。光滑的冰面很难遇见，大多数情况下，冰面都是崎岖不平且多山的，很难穿过。由于他迟迟没有启程，许多浮冰的表面积满了水滩。更糟糕的是，帕里携带雪橇犬的计划并没有实现，他在格陵兰地区没有找到哈士奇。他认为组织工作将发挥关键作用的判断被证明是正确的，但不像他希望的那样。没有了哈士奇，这 24 名船员就成了"火车头"，他们只得自己拉雪橇。这项工作是困难又艰苦的，他们的靴子、腿和脚不断被冰雪浸湿。他们垂头丧气地回了家，这与帕里最初梦想的因纽特式的旅程相去甚远。

将北方居民的哈士奇或小马转移到遥远地区的计划，

与 20 世纪初南极探险英雄时代对这些动物的使用密切相关。从一个地区借来动物在另一个地区使用的现象在很大程度上具有北极特色。纵观历史，动物被用于长途旅行在文化和地理上都是非常特殊的，可以让长途跋涉变得比人们想象的容易得多。北极周围的极地海域，由于其纬度原因，伴随着 19 世纪的极地探险，其生态急剧恶化。如果北极周围的水域和陆地上存在大量的动物种群，北极可能会被更早到达。

在帕里的西北航道探险中，海洋哺乳动物数量最多，海豹、海象和鲸鱼以虾和浮游生物为食，它们在冷暖洋流的交汇中茁壮成长。内陆地区的驯鹿群同样是因纽

事实证明，北极探险在实践中比在计划或筹款时更为艰难。《在冰丘间旅行》（1812）展示了帕里的船员，如此艰难的，拖着他们开放式的木船绕过冰山，越过山脊

特人在夏季海冰消退时的狩猎目标，这是因纽特人不可或缺的冬衣和肉类来源。帕里和他的副手乔治·弗朗西斯·里昂在与来自伊格卢利克地区的因纽特人密切交往的 18 个月中，对因纽特人的文化、语言、流动性、食物来源和信仰体系产生了浓厚的兴趣。在因纽特人的聚集地，几乎没有路标，也没有如何寻找安全路线、如何安全旅行的说明，相比之下，通往北极的路线却是另一番天地。对帕里来说，去极点意味着走出他最熟悉的北极社交圈，向北进入无人居住的未知世界，那里的人和海洋哺乳动物都很稀少。即使是西北航道北侧的岛屿，因纽特人也很少去。北美大陆的高纬度地区几乎无人居住。只有格陵兰岛的因纽特人生活在这样高纬度的地区。

自给自足是一个欺骗性的概念。为了到达北极，帕里的队伍需要自己携带食物、衣物和燃料。尽管他没有跟因纽特人一起，但他一直试图利用 1821—1822 年在伊格卢利克学到的因纽特人的传统知识。帕里特别重视北极地区因纽特人使用的材料，以及他们的旅行技能和建造技巧。斯科茨比也认识到，对于两栖雪橇的设计来说，可以将雪橇滑板放在因纽特蒙皮船上，这是一种家庭用的小船，或者叫"女士船"。在短距离内，一个蒙皮船可以由六个强壮的人搬运。帕里显然花费时间研究过北极地区不同文化的雪橇设计。帕里在向《泰晤士报》的读者解释他的计划时，称赞了"楚科奇-拜达尔"号的优点，这是一艘轻而浅、表面有皮毛覆盖的海岸船。船上

乔治·纳雷斯所绘，
1875—1876 年，英国
北极探险队驾驶英国
皇家海军陆战队"警
戒"号和"发现"号
的探险，形成了将拖
拽沉重的雪橇作为测
试一个男性是否有英
雄气概和男子气概的
标准，这一技术后来
被称为"人力拖拉"

装备了一套金属滑道，船可以被松散地捆绑在一起，就
像因纽特人的雪橇或卡莫蒂克雪橇被固定在一起一样，
这种雪橇在凹凸不平的路面上灵活性很强。这样，帕里
不仅带来了知识，他和斯科茨比还找到了技术，这是他
的探险队在北极行动所必需的。

　　帕里认为，他这次探险的成功可以归结于组织工作
做得好。如果他能计算出到达北极需要多少天，每天需
要多少食物，无误的食物装贮或多或少会确保成功。到
21 世纪末，皮尔里将在设计他的"皮尔里系统"时升级
这一理念，该系统由精心安排的中转站组成，每个中转

《瓦尔登岛附近的船只》：这个壮丽的场景展示了帕里的船员在小桌子岛附近的瓦尔登岛上航行。船员在船上连续待了 48 个小时，没有休息，忍受着大风。在帕里看来，船只是"地球上最北的已知陆地"的海岸上的避风港［威廉·帕里，《关于试图到达北极的叙述》（1828），第 121 页］

站都配有口粮。皮尔里在第八次也是最后一次探险中乘坐"罗斯福"号向史密斯海峡航行，跟他同行的还有至少49名格陵兰人和246只狗。有了这样多的工作人员，他就能够在哥伦比亚角建立一个前沿基地；在那里，"24个人、19辆雪橇和133只狗开启了极地探索"。这就是工业化的筹备工作被应用于保障极地组织工作的真实写照。按照极地标准，所谓的极地旅行者们的自给自足实际上依赖于一个大规模的货物分配和运输系统。

斯科茨比曾认为驯鹿是拉雪橇的不二之选。他猜测，在斯匹次卑尔根的北海岸，迁徙的驯鹿在出发前往北极之前能够吃草。另一方面，帕里更偏爱因纽特哈士奇而不是萨米人的驯鹿。当他在伊格卢利克越冬时，他研究了因纽特人如何使他们的狗工作：狗的数量，领头狗的角色，挽具的构造，指挥它们的方法等。他还推断，狗群可以更容易地从格陵兰岛采购，那里是丹麦殖民地，其基础设施的建立更为完善。狗会加快探险的速度，当食物供应极低时，它们会提供有营养的新鲜肉。这预示着皮尔里对狗的使用，将会成为未来南北极探险的模板，日后围绕着南极旅行时狗与马孰优孰劣的争论，也会参照皮尔里的模板。

对希望登上北极的帕里来说，更糟糕的是冰层向南漂移的速度，有时比船员向北推进的速度还快。由于担心南部浮冰对船员士气的影响，帕里隐瞒了这一消息，他担心船员可能会认为与冰层的战斗一定会失败。极昼扰乱了一些船员，让他们忘记了时间，迷失了方向，感到心烦意乱，不知道什么时候该睡觉。白天从冰上反射出来的高光导致了雪盲。旅行者不能立即察觉白昼时间的不同，但为了避免这种情况，他们拔营夜间行进。有趣的是，帕里对治疗这种定向障碍有备而来。他给探险队配备了一套 24 小时计时器，这种计时器可以清楚地划分白天和夜晚的时间。探险队面临的风险比生理上的满足重要得多。帕里正在防范这样一种危险：包括他自己在内的全体船员可能弄混白天和夜晚，船员之间可能会产生 12 个小时的时差。如果这样的话，他们在北极做的天文学计算很可能会使他们朝着与所需方向截然相反的方向航行，然后他们最终会发现，他们是沿着相反的子午线朝白令海峡和太平洋航行，而不是朝着家的方向原路返回。

撰写北极

在航行前提高公众的期望值是容易的；在航行失败后实现这些期望值并维持这些期望值则要困难得多。对出版商和策划者来说，失败的航行带来了两个问题。对于一个典型的热衷阅读游记的读者来说，这次旅行的娱乐性和教育性是否足够？这次航程能像凤凰涅槃一样，在失败中产生新的目标吗？屡次失败所面临的巨大挑战，使征服极地变得困难重重。很少有关于北极的读物能够收回其销售成本。19 世纪下半叶，探险家们认识到写出通俗的畅销读物是十分必要的。对于那些使用私人资金进行探险的探险家来说，写出引人入胜的故事来娱乐读者并为探险筹集资金是探险计划的一部分。对他们来说，把自己和与科学合作相关的枯燥的或技术性的写作分开是有意义的。皮尔里的《北极》（1909）就是一个很好的例子，在这本书中，他对北极的探险是围绕着美国的胜利展开的，这个主题能给他带来高额的利润。

在成功的游记写作中，人与人之间的相遇是必不可少的因素。在美洲，像因纽特人或麦肯齐三角洲的格维钦人这样的北方民族的居住范围最远到达了大约北纬 70 度；在格陵兰岛，因纽特人居住在最北边（北纬 78 度），这为探险者提供了一个独特的北部基地，在那里，一个极地探险队可以获取资源，选择合适的时间出发去往极点。而对于像帕里这样从斯匹次卑尔根出发的探险家来说，北方人的雪橇设计和航行技术显得尤为重要，但与当地人相遇的故事却几乎没有。

当两种截然不同的旅行者——极地探险家罗伯特·皮尔里和研究因纽特人的人种学家努德·拉斯穆森（1879—1933）在格陵兰岛的最北部建立他们的探险基地时，这一切都发生了变化。皮尔里把因纽特人带进了他的远征队。拉斯穆森宣称自己有来自外祖母的因纽特人血统，他更进一步，环游因纽特人的世界，这实际上将极地探险变得更加本地化。

　　皮尔里之前的北极探险未能产生持久的影响；他们努力创造新的"最北的"记录，但在活动结束后不久就被遗忘了。读者记得西北航道的名人，如约翰·富兰克林、威廉·爱德华·帕里、詹姆斯·克拉克·罗斯、查尔斯·弗朗西斯·霍尔、阿道夫·格里利、康斯坦丁·菲普斯、大卫·布坎和弗雷德里克·威廉·比奇，但谁能记得菲普斯或大卫·布坎失败的北极之旅？冰冷的海洋，重复地做着单调、乏味的事，有时还很危险，使读者读起来很沉闷。在书中，他将冰脊的硬度与地质构造进行比较。缺少插图，使得再优秀的作家也很难产出完美的作品。当威廉·比奇最终发表了他在 1818 年航行的游记时，他将船只描绘成波澜起伏的海洋中，一块像花岗岩一样的大冰块。

　　因此，直到 19 世纪末，对于北极的探索一直都是零星发生的一次性事件。斯科茨比把极地考察称为"实验"，因为其本质就是一种推测性试验，在这种试验中，大型机械和科学设备被置于一个未知的、恶劣的、移动的环境中。在帕里的雪橇队与浮冰搏斗的几个月里，斯匹次卑尔根的基地进行了科学实验，这有助于证明整个项目的成本是合理的。就连约翰·巴罗也被迫承认，如果持怀疑态度的人不投资纯科学或地理知识，北极探险或许会变得"毫无用处"，或是像以往尝试过的那样，成为"毫无希望又荒谬的实验"。为了向读者证明这次探险的合理性，他又回归了科学，证明了斯匹次卑尔根的纬度位置，是"距离两个磁极和地球上两条寒冷的经线位置相等"的地方。

一个成功的故事描述取决于船员们是否能够定期记日记并保留下来。新奇的、非凡的、美丽的、惊险的或崇高的观察，打破了流水账式的平凡记录。但事实上，长期处于危险之中，写作是非常困难的，因为变化莫测的海洋和浮冰时刻威胁着探险队，让他们随时面临着被毁灭的威胁。如果皮尔里是北极旅行者中最令人难忘的人，那么1818年北极探险队的指挥官大卫·布坎无疑是最不起眼的。他最大的错误是，当他受到极地冰块的重击和碾压时，他只是将船只带到斯匹次卑尔根修整，而没有将这一事件记录下来。有人可能会认为，在这种情况下，他的行为是可以被理解的，但这让他失去了远征队的缔造者约翰·巴罗的信任。巴罗与出版商约翰·默里有着非常密切的工作关系，这一紧密的联盟使他们拥有垄断权，他们能够在相当大的程度上控制公众如何通过航海小说或者期刊来看待这次航海。当布坎带着指挥官的书面报告回来时，这次航行就不可能再有权威性的报告了。这几乎等于这次航行实际上并没有发生。

然而，布坎的航行并不是对所有人来说都是失败的。威廉·比奇中尉是一名艺术家和技巧娴熟的测量员，他在工作中恪尽职守，他绘制了船只的海岸线、港口、斯匹次卑尔根海岸的动物生活场景，以及船只的图片。虽然没有一本完整的日记，但比奇留下了一些笔记。作为一名刻苦的记录员，这帮了他大忙。艺术家比奇很快就被提拔并被人们记住了，指挥官布坎作为一个失败的记录者被停职了。回到伦敦后，比奇与《莱斯特广场全景画》的作者亨利·阿斯顿·巴克达成了一项协议。巴克向付费的观众展示了比奇画的北极地区的斯匹次卑尔根，这是一幅巨大、美丽的帆布画，面积达 920 平方米，比以往任何的极地画作都要大得多。这幅画描绘了一个从冰中逃脱，并被送到斯匹次卑尔根北部海岸的一个安全港口的场景。在这幅画中，海象在晒太阳，海豹在嬉戏，北极熊浮出水面，鸟儿在头顶盘旋。这幅描绘了北极生态的画作令人眼花缭乱，它迅速传播开来，付费的观众蜂拥而至，全场为之倾倒。25 年后，约翰·巴罗邀请比奇把他 1818 年航行中收集到的所有资料都整理起来，他希望他组织的所有航行都能被出版成故事。所以，到最后是比奇的名字和官方发表的故事联系在一起，而不是布坎的。

事实与虚构在 19 世纪的流行奇观中自由地交织在一起。如果说"极地"或"北极"这样的地理术语在《泰晤士报》这样的高端报纸都容易含混不清，那么设计海报的宣传人员随意地将他们的展览描述为"来自北极附近""在北极附近"或直接描述成"极地"也无可厚非了。"北极"或"极地"的使用开始变得宽松起来，并被用来暗示北极的异域风情。这也标志着一种新的趋势，即

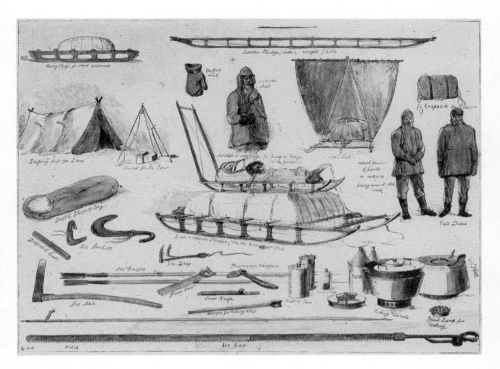

1875—1876 年英国北极探险队倾注了大量的心血设计雪橇、衣服和冰雪工具，这集中体现了极地探险的后勤工作，是极地探险的里程碑，一种艺术和科学的融合

"北极"开始被随意使用了，甚至可以作为整个北冰洋地区的缩写。只有《男孩冒险故事》的作家和政治讽刺家敢于描述北极的地形和民族，除了少数几个研究北极的专家外，谁知道新收集的兽皮、雪橇和其他奇物的原产地并不在北极地区。日益廉价的印刷技术和流行展演给了拥有者一个许可，允许他们以创造性和盈利的方式开发北极，向公众展示来自北极本土的非凡手工艺品。同样，滥用"北极"这个标签的行为，即使不是存心欺诈，也十分可疑，但除了那些洞察力很强的人，其他人都不关心。

虽然人们无法说出北极到底是什么样子的，但极地航行可以作为其他航行的终点。很少有北极的故事能够独自收回销售成本。然而，当它与其他"伟大"的探索一起组合出版时，它的表现要好得多。例如，菲普斯的日记，虽然作为一个独立的卷出版，但也附在库克航行的缩略本之后，在另一个版本中，菲普斯的日记与几个东北航道的探险一起被包装出版。帕里1827年的极地故事是一系列连载中的最后一个，这加强了读者的印象，即北极探索发生在历次西北航道探索之后。随着出版成本的下降和廉价的精简版书籍市场的增长，帕里的北极之旅被更多的人熟知，因为他提供给读者的最后一个章节是简洁、便宜的精简版，在这本书里还包括海军部队最近一次的西北航道探险。

北极探索之后

极地航行后归来后该做什么困扰着许多探险家。什么样的工作或消遣适合那些在北极浮冰上花了无数小时航行，甚至被其他海军测量员视为陌生物种的人呢？对发现北极的渴望，无论是对西北航道的探索，还是对接近极地的尝试，都在这些令人崇拜的英雄的疲惫的灵魂和疲惫的身体上留下了不可磨灭的印记。帕里和富兰克林分别成为澳大利亚和塔斯马尼亚的殖民地管理者；后来，他们厌倦了边境冲突，各自回到伦敦。富兰克林最

阿道夫·诺登斯基尔德在穿越东北航道（1878）后，成为一位勤奋的极地宇宙历史学家、航海家和制图专家，向新一代极地爱好者展示了16世纪宇宙学家的世界观

终受邀回到北极，以寻找新的发现；还有一些人不情愿地回到北极继续尚未完成的探险。在某种程度上，他们成为北极地区的元老，这些人拥有在遥远地区生活的知识，他们历经贫困，发现自己永远地改变了，与留在家里的同胞不一样了。

19世纪晚期最伟大的北极探险家罗伯特·皮尔里、阿道夫·诺登斯基尔德尔德和弗里乔夫·南森对北极探索的神话和这些神话在历史上的地位极为着迷。但他们的同时代人则更深入地思考地球漫长的地理演变，以及在漫长历史中的人类起源：前拉斐尔派画家回顾鼎盛的中世纪时代；考古学家发现了铁和青铜时代的狩猎民

弗里乔夫·南森在极地弗拉姆海漂流时（1893—1896），改进了滑冰技术。南森和诺登斯基尔德一样，后期成为一位专注于极地航海的历史学家

族；神话编撰者庆祝逝去的纯真黄金时代。然而，19世纪末，也是帝国竞争加剧，世界局势紧张的时期，在失落的历史中寻找人类位置的计划比以往任何时候都更加重要。了解北极可能拥有什么样的过去——地质、人类、神话——成为将北极地区置于宏大历史叙述中的一个关键因素。对历史的迷恋开创了"极地历史学"这一新领域，这是一种对航海者、测量者、制图者、商人和君主的可知历史的档案探索，这些历史可以追溯到远古时代。今天，这个研究领域可能看起来古怪且晦涩，但对许多追随者来说，这也是对地球历史的一种理解：这是一种"极地意识"。在这个"活的档案馆"里，一代又一代的科学旅行者和编年史家能够回顾过去，将自己视为传统的一部分，一个专心致志、有进取心的人，一个在传统的有人居住的世界北部界限之外旅行的人。

因此，习惯于写日记、日报或日志的探险家们，在退休后就成了他们日记中描绘的地区的历史学家。地图学是这些极地历史的基础。阿道夫·诺登斯基尔德尔德在其《早期地图学史摹本图集》（1889）中编纂并出版了一套早期现代极地宇宙学绘图和图表，在书中他将16世纪的宇宙学家视为欧洲最重要的极地研究产物。南森为了写《在北方的迷雾》（1911），而在档案馆和图书馆里搜寻资料，他从一本关于北方航行的小说中筛选出事实部分，他仔细审查了这些无穷无尽的资料，包括古代的、阿拉伯科学旅行者的、北欧的以及他同代人的。这些作品被地理学会翻译成多国语言，传播到世界各地。

即使是在英雄探险时代的顶峰，这项活动也与贯穿本书的宇宙学故事紧密相连，迂回曲折。极地历史并不像人们猜测的那样，是一个保守又传统，或是一个充满民族主义和神话艺术的领域。极地历史学家和探险家一样，可能会发现自己与国家为他们树立的形象格格不入。

当然，北极也可以为保守的政治意识形态服务。克莱门茨·马卡姆和他之前的约翰·巴罗一样，对来自其他国家的同事只表现出了勉强的善意和尊重。他非常清楚地知道，作为英国皇家地理学会的主席，他是为大英帝国服务的传统科学和探索的掌舵人，马卡姆在历史地理学方面的许多著作极大地丰富了英国皇家档案馆的建设。在下一章中，我们将更深入地研究极地乌托邦主义和讽刺作品，我们将会发现一些最激进的和最邪恶的，利用北极来增加乌托邦主义的可信性的做法，更重要的是，我们还将发现那些挑战教条的人：讽刺家和批评者。

第五章 "极"的伊甸园

　　前往北极的航程当然是由实干无畏的海员完成的，但这些航程也是为乌托邦和幻想家们定制的。对于神秘主义者来说，没去过北极，或者至少是没有身临其境地到过北极，不仅没有坏处，反而对北极有帮助，这使这个真实的地方不为人所见。如果没有任何一个权威人士能可靠地描述北极，那么谁能肯定地说，那些最狂野和最夸张的说法是不真实的？地球的极轴和两极不易被人窥探到，因而具有强烈的吸引力，是神圣与纯洁的象征。这些证据吸引了形而上学的哲学家，包括那些神秘又深奥的领域的哲学家。这些哲学家在这些经文中发现了解释神秘线索和神秘模式的机会，这意味着他们有可能会发现关于地球起源和人类出现的隐秘真相。

　　在前几章中，极轴的概念与伊甸园、地球上的天堂、完美之地或神圣美德的概念紧密相连。对于一些早期的现代宇宙学家来说，比如奥伦斯·费内，北极被认为是天堂的所在地。对其他人来说，北极只是一个遗迹，一个天神的苍白影子。相传，很久以前北极可能曾经是温

暖且富饶的，其生态环境或曾是多种多样的。19 世纪末
的乌托邦式的北极海域无冰论与极地伊甸园的概念也是
一致的。甚至有人认为，即使北极位于寒冷、冰冷地区
的中心，也可以在人类受苦受难之后重新回到伊甸园的
状态。一个温暖时期的气候变化的解释可以支持这些观
点。例如，极轴的移动可以解释高纬度地区化石的存在。
正如通常的情况一样，这些证据可以破除迷信，支持科
学观点。一个观点说，人类被认为有义务使世界农业有
效生产，并恢复伊甸园的失落状态，这种观点是一种强
有力的叙述，在整个现代，它继续影响着欧洲人对气候
和陆地景观的思考。

一个月球人通过望
远镜看到的北极上
的一个洞的图像。约
翰·克利夫斯·西姆
斯发表于哈珀的新月
刊（1882）

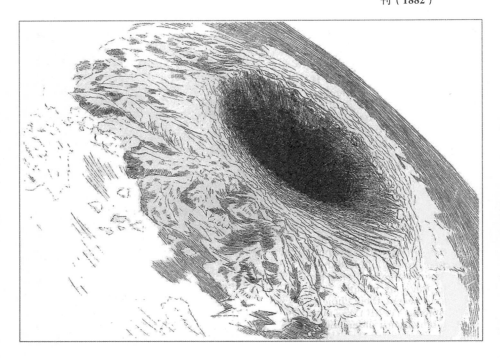

人类聚集区以外的极地地区是丰富灵感的主要来源。一些书中描述的梅鲁山，是希柏里尔的中心，它位于四个由金、铁、银和黄铜制成的支撑物上，每个支撑物都指向罗盘上的一个基本方位。恒河被认为发源于"在北极星附近的毗湿奴的脚下"，距离地球约 1 080 000 千米（672 000 英里）。因此，相同海拔高度的北极，是生命的发源地。

对布拉瓦茨基夫人来说，希柏里尔大陆占据了一个与众不同的非物质的空间，这个空间不是那么形而上的，因此不能被帝国征服或掌握。即使处于北极的物理空间中，也无法看到希柏里尔大陆，因为它存在于另一个平行空间中。这证明了它的力量是一种真理的来源，一种既奇怪又超出正常范围的真理。因此，19 世纪的畅销作家如儒勒·凡尔纳或埃德加·爱伦·坡将读者带入北极的黑暗故事，以及怪异的神话故事中，他们将读者带到地球的内部空间中，这个空间被描述成一种炙热的、魔鬼似的或空洞的通道。

对许多读者来说，无论是现代早期还是 20 世纪末，纪实作品和小说之间的界限往往是模糊的。极点上方或下方的东西比其表象更具吸引力，北极的表象被科学旅行和探索小说作者观察、测量和作为有用信息制成表格。人类在大部分历史时间里，在结构上和技术上都被局限于地球表面的一隅之地（在潜艇和飞机发明之前）。人们总是先通过神话、风俗、故事来探索地球上的角落，这总是比科学旅行者的见证先行一步。在远古时代，有着蜡做翅膀的伊卡洛斯为了获得自由，飞得越来越高，离太阳越来越近，直到他发现自己生命有限而坠入死亡。埃涅阿斯逃离特洛伊城的废墟，穿过阴暗处前往罗马。这些故事中的每一个都包含关于狂妄和帝国的教训。伊卡洛斯和埃涅阿斯都跨越了道德的门槛，进入了地球上下的其他世界：伊卡洛斯到达了大气层上限，斯泰克斯河是埃涅阿斯通往冥界的门户。每一次旅行都充满变化，这种变化使返回充满了危险。

　　因此，北极作为一种文学或叙事手段，也是一扇大门或一道门槛，用来警告接近的人，它是一个路标，表明越过北极是不能反悔的，不可能完好无损地返回。这是一种进入另一种世界的条件，一个与其他世界相独立的、不相容的、完整的世界。哲学家阿塔纳斯·基歇尔（1602—1680）引用中世纪资料，描述北极被一块周长16 500米的非常大的黑色岩石所覆盖，下面有四条海道流入极地海。在北极的正下方，据说有一个漩涡向下流过地球内部，其洋流在南极出现。基歇尔把这些极涡比作动物或人类的血液循环，它赋予身体生命，防止两极结冰。这些充满力量的洋流的敌意也可以解释为什么北极对于航海者来说是如此的困难。北极领航员亨利·哈德森（1565—1611）在一个叛变的船员手中丧了命，也有人说，是因为流动的冰和快速移动的洋流阻碍了他向北航行。在这些快速移动的洋流中安全航行需要了解是

阿塔那修斯·基歇尔所绘制的地球内部的形象，他受到维苏威火山研究的启发，在登上这座火山后，他到火山口观察空气、火和水的非同寻常的相互作用（1678）

什么使它们移动，这只有经过不断的实践和长期的经验才能获得，只有因纽特人才能当之无愧地说对此有深刻的了解。

　　北极对于男性编年史家、海员和神秘主义者来说太重要了，这是他们的专利。玛格丽特·卡文迪什（1623—1673），纽卡斯尔公爵夫人，出版了可能是最引人注目的早期极地探险现代叙事。《新世界的描述》被称为《燃烧的世界》（1666），发表于基歇尔出版专著的第二年，她的丈夫威廉·卡文迪什于1644年在马斯顿·摩尔担任保皇党军队指挥官，之后流亡国外，并

伊卡洛斯被当作航天飞行起源的神话，图片发表在1907年12月发行的《小巴黎人报》上

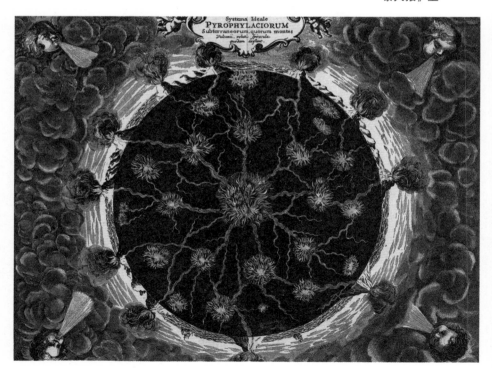

于 1645 年在巴黎与玛格丽特结婚。他们都在 1660 年回到英国。玛格丽特是一位博学的贵族女性，一些女权主义者声称她是一位重要的女权主义者的原型。玛格丽特打破传统，把自己深深地沉浸在自然哲学和物质本质的争鸣中。玛格丽特以小说体裁写作，并使晦涩难懂的理论充满趣味，这也点明了她的文学家的身份，她作为一名女性，可以以复杂而博学的哲学思想，公开成为一名作家。

《燃烧的世界》建立在一个非常奇怪的极地乌托邦世界上，在那里，卡文迪什自己似乎拥有双重性格。首先，她讲述了她跨过极地门槛的故事。她去北极的旅程不是她自己安排的。相反，她被一个追求者绑架并俘虏了。他们的船被吹离航线向北到极地地区，在那里，船员们遭遇了强烈严寒，这种严寒不仅来自一个极点，而且来自两个极点，"因此，在这两个极点的交界处有着不可忍受的双重力量的寒冷"。脆弱的船员死去了，但这位女士却靠着精神活了下来。公爵夫人是北极的重要人物，她使北极成为一个精神对物质施加强大力量的地方，她的船被推进了一个与我们在北极相连的另一个世界。卡文迪什解释了世界是如何连接起来的：

"因为不可能像我们从东到西那样，把这个世界从一个极点到另一个极点环绕起来；因为另一个世界的极点与这个世界的两个极点相连，不允许任何

玛格丽特·卡文迪什（1623—1673）坐在她的办公桌旁：仿亚伯拉
罕·范·迪潘贝克的版画，1800 年

其他的通道以这种方式环绕这个世界；但是，如果任何人到达这两个极点中的任何一个，他要么被迫返回，要么进入另一个世界。"

　　进入其他世界需要通过北极，北极是一个通道，通过它，那些经过的人可以发现被改变了的世界。对卡文迪什来说，这些世界是与其他物种相遇的地方，每个物种都有自己的政治文化和等级制度。她的主人公穿越了一个又一个有着自己的道德和习俗，且有奇怪动物种族居住的世界。最终，她来到了最后一个世界，在那里她遇到了一位女皇，这个女皇成为她的统治者；而她，这个奇怪故事的作者，也成为皇后的记录者。《燃烧的世界》是一个倒转的世界，通过作者在极点以外的自己的转变而从根本上重新定位了这个世界。正如有些人所说，女皇真的是卡文迪什的另一个自我吗？在这个世界上，权力被性别化为女性，而不是男性。自由、性别和身份打破了复辟时代英国的社会束缚，在卡文迪什向其他性别和种族的致敬中揭露了这些世界。

　　学者们回顾卡文迪什的生平时都钦佩她的精神：独立、博学又放荡不羁。150年后的1816年，年轻的玛丽·雪莱（英国最著名的女权倡导者玛丽·沃尔斯通克拉夫特的女儿）写了一部自我觉醒的小说，这是浪漫小说《弗兰肯斯坦》的初稿，在这部小说中，这位与标题同名的医生在电化学领域中的一个生命创造实验中通过一个电火花创造了人类。然而，弗兰肯斯坦意识到，他无法回应他创造出的新生命所需要的爱，他因此变得痛苦不堪。像《燃烧的世界》里一样，雪莱创造出的人是一个强大的存在，既不完全是人，也不是野兽，这个人使人恐惧，他不仅被他的父母和创造者弗兰肯斯坦博士视为怪物，还被弗兰肯斯坦博士抛弃。这本书的开篇部分和高潮部分是在冰冻的极地海洋的海冰上进行的一次伟大的追逐。沃尔顿意图发现"磁铁的秘密"与弗兰肯斯坦意图在化学中寻找生命的火花相似。

在哥特式浪漫主义的表象之下，玛丽·雪莱和她的丈夫，诗人珀西·比舍·雪莱（1792—1822）被激进的科学唯物主义深深吸引，他们认为物质本身可能包含生命力（而不是精神）。浪漫主义诗人和艺术家迷冰恋，与死亡的静谧联系在一起，象征着纯洁的精神，在某种程度上可能产生生命。诗人罗伯特·索西（1774—1843）和詹姆斯·蒙哥马利（1771—1854）以及画家卡斯帕·戴维·弗里德里希（1774—1840）都以不同的方式被冰与死亡和重生的联系所感染。珀西·雪莱也被亨弗莱·戴维（1778—1829）的浪漫主义化学以及他的私人医生威廉·劳伦斯（1783—1867）所推崇的生理学深深吸引，他认为物质本身可以具有能动性和自组织性。弗兰肯斯坦的宣言发人深省，渴望占有北极和渴望拥有生命起源的密钥没什么不同。对真理知识的渴求，无论是生物学的还是地理学的,都是危险的,对造物主和创造物来说都是可悲的。

对卡文迪什和雪莱来说,极性是他们各自叙述的中心原则,这一点很重要。两极是地球表面的点,在那里强大的内部磁力可以穿透地表,而电极则代表表面的点,极性不同的带电化学粒子具有相吸或相斥的属性。这些产生生命的极点,无论是磁极、化学极的还是宇宙学意义上的极点,都不容有异议,没有妥协的余地。社会秩序和社会特征,即使像在《燃烧的世界》里那样倒转,也会为了追求自我理解而倾向于极端的等级制度。这似乎是整个历史历程中极地世界的主导,甚至是决定性的特征。

在塞缪尔·泰勒·柯尔律治著名的诗歌《古舟子咏》(1798)中,讲述者走近南极大陆时遇到了类似于古典女神的"北极之魂"。可以肯定的是,这对后来的极地精神小说起到了一定的启发作用,包括讽刺小说《蒙乔森在极地》(1819)和埃德加·爱伦·坡的《南塔基特的亚瑟·戈登·派姆的奇妙冒险》(1838)。回顾吉尔伯特关于磁极是有灵魂的实验研究,甚至进一步追溯到新柏拉图主义者的哲学,不难发现,浪漫主义为极地人文思想添加了一丝讽喻色彩。浪漫主义者面对自然,深入思考内在自我的持久动力,被推向了极端,这和生与死的关系有关。

极地讽刺作品

在极地探索中将讽刺主义与浪漫主义相结合，会让傲慢狂妄的行为原形毕露。极地不但可以用来激发灵感，还可以被用在讽刺作品中。英国海军部在 19 世纪早期绘制地球极地地区地图时，投入了大量的国家权力和帝国威望。刺穿它的自命不凡，成为一个难以抗拒的目标。在记者和讽刺作家的手中，极地和探寻极地的人的声誉可以是滑稽的或荒谬的。

反对极地探险是很困难的，因为有时它是如此哗众取宠。有经验的海员认为政府的勘探战略有缺陷，他们提供了更好的计划，但在讽刺作家看来，这暗示了航行基本上是毫无意义和计划不周的。一幅好的讽刺漫画，可能会让公众在某个时刻享受一个由政府出钱的好笑话，而在另一个时刻，公众可能会为偶尔发现或看到"最遥远的北方"而欢呼。在讽刺的背后，人们逐渐意识到，在巨大的冰原表面航行、拉锯式的移动和拖拉大船的窘境揭示了一个荒谬的想法，即人类无法走出地球表面的聚集区。仅仅是宣布北极之旅的意图就可以使下议院争论不休，永无宁日。这是托马斯·科克伦上尉（1775—1860）1818 年上台向国会发表演说时遇到的场景。

如今，人们通过霍雷肖·霍恩布洛尔和杰克·奥布里上尉这两个虚构的人物来纪念他，后者是日后由罗

乔治·克鲁克申克所作讽刺画。政治家亨利·布劳姆向站在一艘带有法国徽章的船上的托马斯·科克伦脸上喷水，1817 年

素·克罗扮演，成为电影《怒海争锋》的主角。科克伦同时也是一个潜在的极地征服者和一个"高于生活"的表演家和讽刺家。这位海军英雄是拿破仑战争的老兵。当科克伦向下议院宣布，他将亲自把智利从西班牙人手中解放出来，驾驶一艘轮船去智利时，他提议航行穿过北极。通过走这条非常英式的路线，而不是绕过西班牙占主导地位的好望角，科克伦可以顺便获得经度奖！任何怀疑这位特立独行的英雄会食言的人都可以去参观罗瑟海斯，在那里"北极"号正在被改装成一艘蒸汽动力战舰，并被重新命名为新星！

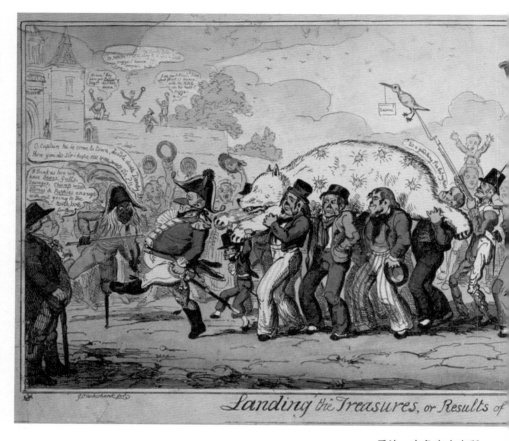

乔治·克鲁克申克所
作,《得到宝藏或将是
极地探险的结果!》,
1819 年,蚀刻画

　　在去智利的路上,科克伦有没有认真想过要占领北极?那天,下议院的任何人都不可能搞错科克伦演说中的内容。在很大程度上,区分事实和虚构所付出的努力,使得科克伦富有吸引力。他的极地开发从未被实现,但解放智利的航程却被实现了,他关于极地演讲成为议会记录的重点。

　　北极本身也遭到了讽刺,因为探索北极的过程中包

含了国家傲慢和虚荣的价值观。1818 年的罗斯和布坎北方探险队未能兑现海军夸大的承诺，即要么在北极寻找一条极地通道，要么在北极寻找一条西北通道，那之后便迎来了讽刺作家的言论开放期。1819 年的乔治·克鲁克申克的印刷品《得到宝藏，或将是极地探险的结果！》，这件印刷品展示了罗斯探险队带着一群衣衫褴褛的随行人员，包括杰克·弗罗斯特，向家乡的方向行进的奇

迹，印刷品中有一只被大熊星座形状的弹孔射穿的北极熊，以及其他的珍奇品。1835 年，当约翰·罗斯上尉和他的侄子詹姆斯·克拉克·罗斯中尉在确定了北磁极的位置后返回伦敦时，他们成了克鲁克申克刻画《到达北（磁）极》的海军少校布洛克黑德的机智对象。更有趣的是，在一张照片中，布洛克海德爬上了一根非常高的杆子，这时人们已经熟悉了用双关语讽刺地理极和磁极（译者注：在英语中"杆子"与"极"为同一单词的两个含义）。

《蒙乔森在极地》（1819）可能是极地探险史上最无情、最具揭露性的讽刺，它嘲弄了罗斯和布坎探险队。这个故事包含了一系列明确无误的文化内容和旁白，并且充满了极地笑话。尽管各种各样的蒙乔森故事已经出版了几十年，但蒙乔森的性格在风格上与托马斯·科克

乔治克鲁克申克的《到达北（磁）极》，来自海军少校的系列讽刺版画

1831 年 6 月 1 日，一个场景显示探险队员在观看詹姆斯·克拉克·罗斯在北极升起英国国旗（据称是两面国旗之一）时庆祝。在他的日记中，罗斯形容北极不起眼，给人一种挥之不去的忧郁感

伦有着不少相似之处。

　　故事以狂妄自大、放荡不羁的蒙乔森男爵的"闪耀着火花的雄心"开场，当"一提到《经度法案》20 000英镑的酬劳，他就重新复活了"。穿过巴芬湾通往北极的道路被巨大的冰山挡住，冰山下面是"巨人的活墓"，他们保护神圣领土不受外人入侵。巨人们奋力解放自己，以"协助北极之神，她掌管和保护神圣磁石，以恐怖手段驱逐我离开她的领地，传统告诉她，总有一天她会承认凡人的力量"。蒙乔森之所以能应对这些危险，是因为在先前有一条神奇的巨蟒给他带路，这条巨蟒沿着西北航道游到白令海峡，然后向北游到极点。在那里，北极之神保卫着一个类似地狱的地方，威胁蒙乔森，如果他爬上了宇宙的巨柱或"宇宙之轴"，就会报复他，但蒙乔

《蒙乔森进入东格陵兰首府》，来自《蒙乔森在极地》（1819）

森还是爬了上去。

当蒙乔森爬上"北极"时,他来到一个平台,在那里他发现了一个古老的宝石形状的小屋,门上用一种神秘的语言写着"寻求智慧,她会爱上你"。像往常一样,蒙乔森用他的刀撬开了门。在里面的桌子上,他发现了一本叫《科学史》的金书。他拿起这本书打开了它,他发现这本书的每一页都是空白的!然后他继续向上爬,爬过一个"对我没有影响的磁十字架",这使他到达了离地球几千千米的山顶。他俯视着太阳、月亮、星星和世界上的王国,他举起英国国旗来记录他的胜利,并宣布乔治三世为"极地君主"。希腊的巨人、精灵、磁铁、天轴和旗帜——所有构成极地帝国力量的关键因素都在这篇文章中。在离地球约 1 600 千米的地方,蒙乔森自鸣得

《蒙乔森刮了胡子,涂了一层红色的雪》,背景中有一座火山

意地说："我下面的景色壮丽得无法形容。太阳、月亮和星星，在下面旋转，或者保持静止……世界上所有的王国都展现在我面前。"

那本北极的神秘之书《科学史》，象征着极地探险无法兑现诺言、揭示科学真理的主张是空洞的，还是说科学史还没有写好？"科学是解开极地秘密的钥匙"这一观点被认为是既肤浅又自负的，而所谓的科学论据要么是隐藏的，要么是空洞的。这一指控与其他怀疑巴罗的说法的批评者一致，巴罗声称，巧合因素的干预导致北

蒙乔森被非洲、美洲（背景）和欧洲（前景）包围，宣布乔治三世拥有"北极内外所有国家"

极气候突然变暖，开放的极地海洋周围厚厚的冰障融化，分裂成巨大的冰山，并随海流向南漂浮。在许多政治家和有科学知识的批评家看来，讽刺作品是理性论证的替代品，但它在某些方面比理性论证更具吸引力，因为它直接挑战了自命不凡的政府，质疑了政府以科学的名义来掩饰北极探索，并用民族主义宣传的语言来展示它的真实面目。

北极是一个在轴上的极且有一个可以看世界的平台是一个可笑的观点，但这提醒了我们，对地理极的探求绝不仅仅是对地球表面一个非常遥远的地方的探索。自近代早期以来，北极一直与神秘力量、天体运动、从天上看地球或地球内部深处的变化有关。一直到19世纪，大量与北极相关的写作内容仍旧是关于地球在宇宙中的位置这个话题的：托勒密宇宙的早期现代宇宙学、吉尔伯特的磁力学、哈雷的机械学。这在历史层面仍然很重要，因为它们帮助公众理解了极点数量的激增，启蒙运动既不能通过航海掌握也不能用科学合理解释。

英国坚信北极探险应高举民族主义旗帜，重视自身，在追求科学的过程中要注重经验性、自律性和严肃性。不管认真与否，北极对英国人来说都很重要。

视觉文化在塑造维多利亚时代公众对北极的印象中起着至关重要的作用。博物馆展览、哑剧、全景图、杂志、幻灯片和其他形式的流行娱乐活动，前所未有地丰富了北极地区生动的视觉词汇。大众传媒的兴起带动了

WAITING TO BE WON.

(ARCTIC EXPEDITION SAILED MAY 29, 1875.)

《等待胜利：北极女王在此栖息》，《笨拙》画报（1875 年 6 月 5 日）

新技术的发展，使北极地区的图片影像无处不在。在这一时期，对性别的区分越来越严格，极地景观被视为女性化的。当纳雷斯北极探险队（1875—1876）因几个人死于坏血病而被击退时，北极在《潘趣》中被拟人化为一个冷酷无情的"冰女王"，船员们未能成功遵循女王的旨意。使用女性形象来表现自然，反映了在探索中日益增长的描写，这种描写伴随着注定要失败的富兰克林的远征（1845—1848）而出现，当他失败的痛苦被更多的人知道后，这种描写变得越来越多。有时北极也被赋予男子特征，《老国王，杰克·弗罗斯特》将北极描绘成了一个暴君的专制统治，在他的专制统治中，探险队的失败更多地被认为是与重重困难斗争后的军事挫败。格陵兰家庭、格陵兰的男人和女人是非常重要的角色，但在讽刺作品中这些角色却常常并不存在，或被失实地展现，而他们实际上都在奈尔斯探险期间被摄影机记录下来，这是在极地探险过程中对于摄影技术的最早使用。

维多利亚时期的极地历史学家

在启蒙探索之后，如果科学和探索打破了极地神话，人们不会感到惊讶。但是相反的情况发生了：天堂、种族和起源的极地原型在 19 世纪下半叶又重新回来了。人类科学中的新历史学科，如考古学和人类学，以及地质学，旨在揭示人类的起源和深刻的过去。极地探险家、历史学家和古董学家开始揭开勇敢的北极航海家早期航行的秘密。当这些学者从手稿、化石和考古文物中钻研证据时，他们开始拼凑出迁徙的碎片，以显示北极在人类早期故事中是如何发挥中心作用的。但事实并不总是从神话中提炼事实，事实也被用来支持神话以支持伟大的理论。正如我们将看到的那样，这对数百万无辜的人民产生了重大影响，他们根本不想向极点提出任何要求。

维多利亚时代伟大的极地探险家们在晚年感到有一种迫切的需要，那就是把他们的极地之旅和他们的贡献放在人类发现极地的大事记中。挪威、瑞典和美国的极地英雄弗里乔夫·南森、阿道夫·埃里克·诺登斯基尔德和罗伯特·皮尔各自以独特的方式成为极地探索的历史学家。南森投入到揭开北极伊甸园面纱的任务中，以便与极地航海家长期联系，特别是皮西亚斯。这位公元前4世纪的航海家来自马赛，那是一个与罗马结成贸易联盟的古希腊独立城市。皮西亚斯是19世纪末一位重要的政治人物。他的雕像被拿破仑三世奉为圭臬，摆放在他家乡的新证券交易所。北方国家的历史学家对他周围的碎片信息进行了梳理，以寻找证据，证明皮西亚斯的图勒与现代挪威、冰岛或设得兰的一个地点相对应。

诺登斯基尔德尔德致力于早期现代地图学史，他对极地历史做出了巨大贡献。他从沃纳、费内和墨卡托等制图者的卓越宇宙观中发现了历史灵感。在地图学史本身是一门新学科的时期，极地投影地图是他的《摹本地图集》（1889）的重要组成部分。皇家地理学会在这一时期开始充当翻译中介，促进历史地理从其他语言向英语转换。为此，诺登斯基尔德与克莱门茨·马卡姆合作，他是英国帝国和古典地理学的元老，曾参加乔治·奈尔斯的北极探险（1875—1876），担任过英国皇家地理学会秘书（1863—1888）。

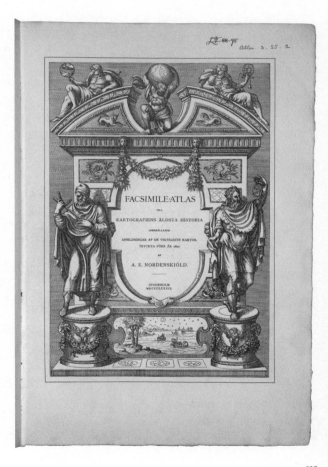

装饰在《诺登斯基尔德地图集》正面的星盘、地球仪、指南针和黑杖，揭示了航海和宇宙学对诺登斯基尔德地图学史的重要性

马赛证券交易所有一尊皮西亚斯的大理石雕像，这是该市人的骄傲象征

PYTHEAS

　　罗伯特·皮尔里也热情地投入到历史地理学的帝国主义视角，同时在其基础上又赋予古典主义和民族主义情怀。他把自己比作现代的赫拉克利斯——一个注定要征服北极远古时代巨人之神的人。他认为，如果忽略了

这些探险家的极地探险经验，业余的爱好就会低估他们，而忽略了这一点。这些杰出的科学人士完全致力于讲述极地伊甸园的真实自然，建立在早期现代航海家和他们来自古代世界的前辈的航海知识的基础上。在欧洲民族主义将北半球置于世界历史的前沿和中心的帝国时代，这种历史学术传统正在重塑地理学科，用神话学、国家进步和公民美德的课程来教育年轻人。因此，北极是帝国主义对极地国家的渴望，但这并不是全部。

人们很难遏制极地民族主义和帝国主义的发展，但讽刺和嘲讽继续发挥主导作用，正如克鲁克申克和其他政治漫画家一个世纪前所做的那样。

第六章　北极的"君主们"

　　至少有一个时代的历史学家们怀疑，欧洲启蒙运动时期，科学和理性占据上风，确实导致了人们迷信程度的下降。一些国家在科学技术的帮助下，采取了新的策略来合理地管理它们的资源，但是大自然拒绝了这些国家想要征服它的企图。由于北极确实太难到达，而拒绝了它的潜在征服者。北极像沙漠一样难以接近，它的恶劣气候和食物短缺，需要探险队携带所有他们需要的物资。

　　面对如此恶劣的气候，与北极伊甸园有关的自然神话如何能流传至 20 世纪？由欧洲最有说服力的两位地理学家约翰·巴罗和奥古斯特·彼得曼提出的极地海域无冰论，其历史最远可以追溯到 17 世纪早期。随着历届探险家或接近者到达的地方越来越北，极地海域无冰论最终被彻底终结，但奇怪的是，北极仍保留着它那缥缈的迷人光环。一个原因是因为极地探险工作仍然很危险。一些探险队，例如，维尔哈尔穆尔·斯特凡森的加拿大地区北极探险队（1913—1916），即使他们在加拿大群岛探索了一个世纪，也有可能以海难和悲剧告终，更不用探寻北极了。勘探领域的技术革新带来了在海面上和水下规避冰山的新方法，但也带来了新的危险，探索北极仍然无情地夺去了许多生命。例如，1928年诺比尔探险队的五名成员在因飞艇失事而死。与探险工作一样，搜寻工作也同样吸引人而又危险。在随后的国际搜寻工作中，为了营救诺比尔，载有罗尔德·阿蒙森、飞行员雷内·吉尔波特和其他4人的飞机在特罗姆瑟和斯瓦尔巴特之间的海域坠毁，机上人员全部遇难。北冰洋更适合以新的方式航行，但它仍未被征服，因为在漂流的海冰上没有可靠的食物来源。

　　在一个民族主义异常高涨的时代里，对于征服北极的渴望被一种男子气概所驱使，这种气概并不是盲目的野心或愚蠢的行为。正如我们之前所看到的那样，探险家渴望了解自己在历史中的地位。其中一个维度事关一个神秘的故事，极地的面纱被揭开，它曾被误认为是大西岛或天堂，而大西岛或天堂被一场洪水淹没，或消失于冰川时代的开始时期。另一个维度是一个关于知识和进步的故事，探险家认为自己有着探索的基因，这些探险家逐渐将前沿地理知识发展成熟。虽然我们可以认为，这两个历史性思想的维度处于紧张关系或矛盾之中，但它们都展现了那个时代的探险家所认为的极地。

　　20世纪初的北极梦想家是他们那个时代寻求终极真理的预言家。他们有一些是皇位继承人和掌握着巨大政治权力的朝廷重臣，而另一些人则是来自社会边缘的小人物。就像 18 世纪宫廷弄臣的形象一样，一条细线划分了梦想家和弄臣的名声。北极也是一样，这个地理位置独特的地区，以纯粹的形式被简单定义为天体测量中的一个点，但几乎不是一个地方，甚至是一个不存在的地方。有了这种模糊的观点，就很容易看出，这种永恒的两极观点是如何吸引乌托邦式和马基雅维利式的阴谋论者和讽刺家的。

　　梦想者和疯狂的傻瓜之间的模糊性，在儒勒·凡尔纳的故事中得到了完美的刻画。《北冰洋的幻想》（1891）与今天的国家争夺北极资源所有权的故事产生了共鸣。围绕贪婪、利益和资源的反面乌托邦的阴谋诡计比比皆是。故事以一个公告开场，在公告中，北极和北纬 84 度以北的领土都将在巴尔的摩拍卖行中拍卖。一个由匿名的私人投资者组成的名为北极实践协会（NPPA）的财团，密谋购买组成北极地区的所有大陆、岛屿、岩石、海洋、湖泊、河流和水道的不可剥夺的所有权，尽管这些地方现在可能被冰覆盖，但在夏天冰有可能会融化，他们的目的是要拥有这片非常理想的陆地和海洋，面积相当于"整个欧洲的近十分之——一个相当大的庄园"。他们寻求开发极地领土的合法权利，据称是为了预先阻止美国将无人认领的领土交给其他人。这让人想起 1867 年俄罗斯以每英亩 1 美分（约每 4 046.86 平方米 1 美分）的价格将阿拉斯加出售给美国。俄国人这样做

《有比 40 美分出价更高的吗?》画的是北极在拍卖会上被拍卖。乔治·鲁克斯的插图,出自朱尔斯·凡尔纳的《北冰洋的幻想》(1891)

的动机是为了防止英国在未来的战争占领阿拉斯加。在美国,这项收购虽然很受欢迎,但怀疑论者以国务卿威廉·H.西沃德的名字命名,将这项收购称为"西沃德的蠢念头"。

在凡尔纳的故事中,NPPA 计划最初被公众视为起源于"傻瓜的大脑"。在俄罗斯、英国、丹麦和瑞典等争夺极地的主要国家中，竞拍以每平方英里 10 美分（约每 2.58 平方千米 10 美分）的价格起步，瑞典的代表是克里斯蒂亚尼亚的宇宙学教授扬·哈拉尔德（现在的奥斯陆——挪威当时处于瑞典的统治之下）。竞拍价格迅速上涨，直到英国代表多内兰少校出价每平方英里 100 美分（约每 2.58 平方千米 100 美分），其他各方才让步了。而在那之前一直保持沉默的 NPPA 的代理人福斯特先生，突然加入了这场争夺战，开始了一场竞标战。福斯特把多内兰逼到了政府财政能出价的极限，当他以令人难以置信的每平方英里 200 美分（约每 2.58 平方千米 200 美分）的价格出价时，竞拍的锤子就落了下来，房间安静了下来，多内兰不知所措。但是后来透露，NPPA 背后的出资人是一个叫巴比肯公司的枪械俱乐部，它的策划人是令人敬畏的天文学家 J. T. 马斯顿。作为一个有远见的天才和一个"可以计算所有数学公式的天才计算器"，他后来在凡尔纳早期的一个关于登月旅行的故事中进行了计算。马斯顿是一个文艺复兴时期的人，也是维多利亚时代的宇宙学家，他可以非常娴熟地画出漂亮的希腊字母，以至于"阿基米德都可能会为这些字母感到骄傲"。

　　毫无意外，天文学家和枪支大亨是凡尔纳极地作品中的恶棍。马斯顿不遗余力地计算力学中最困难的部分，以制订地球工程的总体规划。他的秘密目的是探寻北极隐藏的煤田。公众忽视了他的真实意图，因为获取冰盖下深处的煤炭成本很高，且需要一些在当时并不存在的技术。然而，马斯顿用他复杂的方程式计算出，完美校准的大炮发射出的炮弹将精确地改变地球的轴线，从而改变北极的气候。随着倾斜的北极向南移动，温暖的温度将融化极地冰层，露出丰富的矿脉。因此开采成本会下降，邪恶的马斯顿和他阴险的投资者将会拥有数不清的财富！

重获失去的伊甸园、极轴倾斜导致的快速气候变化以及在幕后运作的私人资本基金等主题，对于维多利亚时代的读者来说，都是耳熟能详的。凡尔纳小说中的主人公明白，气候变暖可能符合投机者的短期利益。在小说中，以煤田为幌子，恶意操纵新伊甸园或大西岛的举动，使读者明白了商业活动中猖獗的金融投机行为。为此，凡尔纳又增加了一个重要方面，一个科学的理论基础，将北极地区恢复到之前动物遍地的时代后，再对北极自然进行技术控制。巴比肯解释说，在北极发现的大煤田，起源于"石炭纪……在人类出现之前很久，广阔的森林覆盖了北部地区"。这一理论"被上千篇通俗而科学的文章支持，这些文章发表在北极实践协会的期刊中"。多内兰少校，一个善于利用地缘政治的外交家，不得不承认"在这个地区勘探会变得富有"，因为"北美有巨大的煤炭储量……北极地区在地质学上似乎是美洲大陆的一部分，它的形成和自然地理与美洲大陆很相似……当然，格陵兰属于美国"。多内兰少校注意到阿道

从儒勒·凡尔纳的
《北冰洋的幻想》一
书中可以看出，建造
一个新的极轴是有可
能的

夫·诺登斯基尔德尔德：

　　"当他探索格陵兰岛时，发现在砂岩和片岩的插
　层中夹杂着许多带有森林植物的褐煤。即使在迪斯
　科地区，斯滕斯特鲁普（丹麦格陵兰地质学权威机

构)也发现了 11 个地方有大量的植被遗迹,这些地方曾经是环极区域。"

因此,NPPA 奸诈的计划,打开了北极的想象,即北极曾经是一个气候温和、土壤肥沃的地区,它可以由一小部分自私自利的实业家和投资者重新设计。

事实上,在凡尔纳出版《北冰洋的幻想》一书后不久,出现了低价获得极地矿产和碳氢化合物的租赁权以整合技术的做法,这样做的目的是为了使开采变得更容易,追求利益最大化。

主人公马斯顿是个天才还是个蠢蛋?凡尔纳通过在故事中加入讽刺来回答这个问题:

> "这是讽刺漫画家的机会!在欧美大城市的商店和售货亭的橱窗里,出现了成千上万的素描作品和印刷品,展示着受弹劾的巴比肯……驾驶一条潜水艇穿过大量的冰,在轴的极点浮出水面……在这里,J. T. 马斯顿在讽刺漫画家中和巴比肯一样受欢迎,他被极点的磁力吸住,并被他的金属钩牢牢地固定在地上。"

凡尔纳因此在强大的投机者的计划和一个认为自己知道得更多的持怀疑态度的公众之间找到了一个不稳定的平衡点。

皮尔里和大力神赫拉克利斯

　　凡尔纳的同龄人，极地探险黄金时代的那些坚持不懈的探险家们——皮尔里、南森、阿蒙森、诺登斯基尔德尔德、斯科特、沙克尔顿——都以自己的方式成为有远见的人。诚然，每个人都急切地希望在其他人面前获得"征服北极"的荣誉，但他们的追求是一种深刻的个人追求，要忍受和见证某种形而上学的东西——一种内在的呼唤。和大多数有远见的人一样，他们目的的真实性可能会受到质疑：他们是天生有能力比普通人看得更长远，还是自欺欺人地向轻信的赌徒兜售空头支票？因此，宣称拥有北极是见证地球上最神圣地方的非凡壮举，还是更类似于蒙克奥森在北极发现的空白的《科学史》？对此，没有一个简单的答案：两种可能性都不能被完全排除。

　　对于这些具有 19 世纪末期特征的探索者来说，精神上的自我认识的动力源于极地内部的某种观念。尽管这段心灵之旅的风格和方式在各个探险家之间有所不同，但有一条共同的线索贯穿其中。他们共有的内在自我发现的基本条件是通过旅行找到一个出口，在这个过程中他们可以超越尘世空间，并获得精神上的升华。北极距离人们一直都很遥远。到达北极需要跨越一个边界，进入一个地图上未标明的与众不同的世界。从哈雷那时起，

《哈特拉斯爬上火山，在北极插上英国国旗，他却掉进了深渊》，摘自朱尔斯·凡
尔纳的《哈特拉斯船长的历险记》(1874)

哲学家和水手就开始思考航行"越过北极"或"进入北极"的问题。在这个不确定的空间里充满了重重困难并且存在道德危机：谁能肯定地说征服北极究竟是一个以形而上学的方式而真实存在的地方，还是通向其他可能存在的世界大门？

　　皮尔里、诺登斯基尔德尔德和南森都把典型英雄史诗般的航行视为他们的先驱和遗产。就像 18 世纪的贵族们在精心挑选的典型英雄半身像周围设计他们的豪华花

库克在北极精心制作的肖像显示，他是一个科学之人，能驾驭动物和自然，背景中有一个相当不真实的因纽特人同伴的形象

园一样，极地探险家们也把自己写进了一个航海家的族谱，他们的财富的得失来自嫉妒之神的争吵。当谈到为探险筹集资金时，8 部神话也非常实用。推销异想天开的愿望、建立声誉、提高订阅量、吸引观众来听演讲、设计大报和供养报纸编辑，都需要一双灵巧的手和创造神话的天赋。20 世纪初，英国和美国的报纸和记者开始前所未有地宣传和普及极地探险活动。

罗伯特·皮尔里被许多人认为是第一个踏上北极地区的人（1909），他把自己比作现代的大力神。一方面，他与弗雷德里克·库克博士就发现极地的优先权问题进行了长期而激烈的争论。他们各自的路线、测量仪器和天文记录的可靠性和准确性遭到质疑。皮尔里对自己傲慢的描述令人震惊。1906 年，在他为自己最后一次去北极筹款时，他为《蓓尔美街报》撰写了一篇文章，将自己比作大力神，并将自己塑造成一个英雄帝国的先祖。

皮尔里如何将北极描绘成他的对手，意义更为重大。巨人之神安泰乌斯是一个体型巨大、专横无情的人，他全身被毛覆盖，当他冲出极地冰层，冲向天空时，他对极地探险者来说，意味着不祥和危险。探险的前路布满了失败者的尸体，皮尔里的极地旅行被搬到舞台上演，这是一场神话般的史诗斗争。

盖亚，大地之母，被认为是皮尔里的极地写作中最令人印象深刻和令人惊讶的部分之一："尽管她的肋骨在几个世纪的寒冷和饥饿中变得凸出，在这个世界和我们

称之为北极地区的星际空间之间的边界上，没有其他地方比这里更接近地球母亲的伟大心脏了。"在地球母亲和星际空间之间的边界上，借助于古典神话，可以弄明白旅程的物理地理。皮尔里回答说，"安泰乌斯的神话故事将被创造出来"，他是盖亚和波塞冬的儿子，大地和海洋之神。大力神在金苹果园寻找金苹果时遇到了安泰乌斯，为了把金苹果带回来，大力神击败了安泰乌斯，之后，他遇到了阿特拉斯，阿特拉斯的肩上正扛着天堂。大力神提出，如果阿特拉斯能帮他得到金苹果，他可以暂时减轻他的负担。阿特拉斯照做了，但他不想失去扛着天堂的责任，于是他要求大力神让他继续扛着天堂。

　　对所有的来访者来说，安泰乌斯是一个可怕又致命

这张 1909 年的明信片是为了庆祝库克和皮尔里将美国国旗插在极轴上，民族主义和帝国主义的旗帜掩盖了他们之间的仇恨

一个碟子上画着安泰乌斯的形象，出自乔治·安德烈奥利的工作室，1520 年

的摔跤手。据普鲁塔克说，安泰乌斯在挑战并杀害了那些不幸的人后，用他们的头骨建造了一座神庙，向他的父亲波塞冬致敬。带有大力神 12 项大功（任务或挑战）的极地版本的叙述是清楚的：那些探索极地的人将落到无情的安泰乌斯手中，面临着一个残暴的结局，因为在图画中的显眼位置，尸体散落在雪橇周围。

大力神和安泰乌斯的故事在文艺复兴时期的艺术家中很受欢迎，比如佛罗伦萨两兄弟安东尼奥·波莱乌洛和皮耶罗·波莱乌洛，他们的解剖学研究为 1475 年左右，洛伦佐·德·梅迪奇委托创作的绘画和雕塑描绘提供了依据。这场殊死搏斗吸引了 20 世纪的艺术家，并在流行写作和经典神话汇编中被重述。波莱乌洛兄弟对解剖学的迷恋为这个神话的极地征服版本提供了一条微妙

马安东尼奥·雷蒙迪仿拉斐尔所画，《赫拉克利斯与安泰乌斯》，1520 年后，雕版画

的线索。在安东尼奥对于主题的改编中，安泰乌斯是有机的、富有生命力的。他的躯干和冰原是一体的，他的食道是一个高高的螺旋形的杆子，看起来像是从大地之神那里获取氧气。他的秘密是，他的力量来自与母亲盖亚的身体接触，这样他被扔在地上或只是摔倒，他就会立即得到治愈和恢复。赫拉克利斯接受安泰乌斯的挑战后，他们开始摔跤，他感觉到安泰乌斯在被打倒之前会轻轻地摔倒在地上。大力神抓住了安泰乌斯的秘密，把他从地上抬了起来，悬在空中，这样安泰乌斯的力量就被削弱，并最终被打败。北极是有机的，它有着自然的历史，一种不可忽视的精神，这一观点促使我们更加批判性地思考北极，将它当作一个整体的、有精神的和有根基的地方。这也说明了皮尔里是一个重要人物，就像我们之前讨论的乌托邦主义那样，他是一个让读者对极地浪漫主义的危险保持谨慎的人。

　　安泰乌斯和赫拉克利斯之间的关系从一开始就是帝国故事的影射。大力神（罗马人称为赫拉克利斯）是著名的奥林匹斯神，他力大无穷且英勇无畏。希腊神话中的奥林匹斯神推翻了巨人的统治建立了新秩序。安泰乌斯的暴力摔跤比赛被认为是对抗奥林匹斯帝国新势力的象征，而大力神则是镇压巨人叛乱的奥林匹斯神。神话的作用在于故事中的角色可以多个角度来讲述，其主角，无论是单独的还是联合的，都可以用不同的方式来解读。例如，在柏拉图的《智者篇》中，塞奥多洛与苏格拉底

GADITANAS COLVMNAS STATVIT
HERCVLES.

辩论，他将苏格拉底描述为安泰乌斯，并强调他总是争论不休，把这作为对话的基础，在道德哲学中进行争论。如果安泰乌斯是塞奥多洛的苏格拉底，皮尔里可以被看作是柏拉图《理想国》中的坚强的主人公色拉叙马霍斯，他认为正义当然应该为强者的利益服务。

　　皮尔里尊重安泰乌斯神秘而纯洁的北极，因为这体现了他真正的对手精神上的变化，他用苏格拉底式的智慧和强大而不屈不挠的精神来抵抗他的经验进步。这个北极是大自然中的一个纯真的王国，它本身是活的。皮尔里写道，地球上"没有其他地方的空气如此纯净……阳光如此灿烂，黑暗如此漆黑……风暴如此猛烈"。

汉斯·塞巴尔德·比哈姆，《大力神与加沙的柱子》，出自《赫拉克利斯的努力》雕版画集，1545 年。加沙扛着柱子四处奔走是他的工作之一北极一年中"美好的白天"和"美好的夜晚",站在"北极星正下方"的景象,证明了他在北极居住的十几年中对他最熟悉的风景的敬畏和亲密。实现他军事征服的野心,意味着他永远不能待在家里。它是一种特殊的男性气概的典范,它追求社会最边缘的纯洁,而这里的本质是摆脱一切精致、舒适和放纵的本性,可以说是19世纪浪漫主义者对冰、死亡和重生的迷恋。

皮尔里对安泰乌斯的描写,尽管只是他作品中的一个片段,却十分精彩,部分原因是它写出了读者内心所想,也就是说,那些无法言说、无法命名的情感,驱使他走向命运的终点。皮尔里在到达极点前的设想本身,比他事后的描述更有趣。他没有告诉我们他计划以什么

在到达北极前建最后一个营地,缺少雪使安营变得困难。来自皮尔里的《北极》（1910）

样的姿态到达北极：是向波塞冬神秘的冰冻世界表示敬意，低头恭敬地倾听他脚下极地冰层发出的呻吟声，还是仰望天空，承认安泰乌斯的痛苦？事实上，他经历的一切都是没有根据的，根据他发表的文章，这会使他迷失方向。所有的极地航海家都知道，高纬度地区的主观感受和仪器往往是不可靠的，观测和测量经常是不准确的。北极常常在某一时刻处于北极中部的地方，在下一时刻与北极分离，这是形而上学的区别。极点位于北极地区，但并非与北极无缝衔接，这是自文艺复兴以来界定北极在人类历史上地位的宇宙学悖论。

如果只有皮尔里他们能够进入北极，而读者们无法进入，那么他们怎么能同意皮尔里的观点呢？他所做的是警告读者，他们自己在温带地区的严冬经历，使他们对极地有了错误的认识。新英格兰的普通人认为北极地区有四大困难：刺骨的寒冷、完全的黑暗、孤独的沉默和痛苦的饥饿。他说，这些担心通常被夸大了："我的读者也应该理解，一个健康的男人、女人或孩子，如果吃得饱、穿得暖，就能像我们在家里一样舒适地生活并忍受北极地区最寒冷的冬天。"北极和新英格兰并没有本质区别，有经验的话是可以处理这些问题的。

皮尔里解释说，事实上，北极地区通常相当热闹的。在冬天"冰不断地裂开，吱吱作响，发出嘎吱声"，在短暂的夏天有"数不清的海鸟拍打着翅膀呼啸而过，无数的北极溪流发出的声响，海浪拍打着冰和岩石"，北极的夏天是在"不停低语"中度过的，这些都证明了极地有大量生命存在。即使当一个人因为饥饿，"他的胃薄如一张纸时，他的血液仍然是红色的和温热的，每一滴血都在呼唤食物"，这是他的生存本能所致。他被本能驱动着"跳到他刚刚杀死的熊或麝牛身上，用刀子剥皮，不等烤熟再加上盐，就开始吃这些美味的、温暖的生肉"。当遇到"短暂的寂静时期"时，皮尔里提示我们应增强感官的感受能力。这给他留下的印象"不是排斥，而是吸引人的，北极是纯净的、绝对的"。

生活，除去了不必要的干扰，使他接触到一个像修道院一样的乌托邦国家，这给了他非常宝贵的自由，让他看到了世界历史的整体性。所有的方向都是南方。皮尔里后来坦率地承认，他所能做的最合理的事，就是在大约16千米的误差范围内计算出自己的位置，而且他永远也不知道自己是否站在极点上。在不利的情况下，测量极地世界"最遥远的北方"，一直夹杂着猜测的成分。与J. T. 马斯顿在《购买北极》中所说不同，在哪里插国旗更多的是为了留下痕迹和判断当地情况，而不是进行无可争议的天文计算。皮尔里在北极形而上学的存在标志着他已经超越了北极，已经"越过或非常接近东西南北的交汇点"。

皮尔里朝南眺望环绕地球的帝国景象，让人想起第二次布匿战争（公元前218年—公元前201年）时西庇奥·阿米利安努斯的梦想，他被英雄西庇奥·阿非利加努斯的长子收养。过去和未来的征服者一起翱翔在大地之上，俯视迦太基，预示着年轻的西庇奥会毁灭它。在那一刻，年长的希庇奥看到迦太基的奖赏。事实上整个罗马帝国的奖赏与完美的天国相比都是微不足道的。这是宇宙地理学的一个特点，北极曾经被认为是天极之下宇宙轴线上的一个不重要的点，是在皮尔里的小说中被提升到了崇高的地位，他在叙述中把北极描述为"北半球的精确中心，北半球是拥有陆地的半球，人口聚集的半球，文明繁荣的半球……是世界上最后一个献给敢于冒险的人的伟大的地理奖"。这一愿景带有皮尔里民族主义的烙印。在北极之旅中，他将星条旗裹在身上，在每个营地剪掉一些布料，以此作为一种领土占有的仪式。

　　在他去北极的最后一段旅程中，皮尔里的仪器显示出他的队伍已经超越了北极，这是可以理解的，因为他很难判断自己是否达到了理想的纬度，也很难判断何时达到理想的纬度。在这"只有几个小时的行军"中，他想到了"在第一千米"。"我们一直在向正北行驶，而在同一个月的最后几千米中，我们一直在向南行驶，尽管我们一直都在朝同一个方向精确地行驶。"方向的颠倒说明什么？皮尔里的回答很有启发性。他承认"很难想象一个更好的例子来说明大多数事物（包括时间）是相对的"，他也在这个永恒的地方看到了一个让人想起奥德修斯的宇宙性视野，亚历山大或埃涅阿斯说："我从西半球来到了东半球，证实了我在世界之巅的地位。"因此，从

安泰乌斯被描绘成北极的化身，嵌在冰层中，冰拱是他父亲波塞冬的神庙，画中可能也描绘了北极光。来自《蓓尔美街报》：《北极的诱惑》

北极向南俯视的帝王般的目光——从占据政治主导性的北半球的顶点向南看——被注册为殖民航道，通过这个航道他从西方瞬间进入东方。

　　如果安泰乌斯是处于世界所有帝国的中心的失败君主，那么皮尔里披在身上的星条旗和极点位置的山顶上仓促搭建的设备，就不属于任何一个君主。然而，帝王和君主的一个普遍特征是，他们寻求法律权威的普遍权威，但他们自己并不受这些法律的约束。普遍主义有一个等价的极宇宙学。皮尔里向他的读者阐述了一个悖论，成为现代观众对北极之谜的一个定义性比喻："北极没有

马修·亚历山大·汉森（1866—1955），极地探险家。汉森非凡的人生故事和对因纽特人文化的欣赏，动摇了皮尔里强烈地拥护的古代英雄神话

时间……这里没有子午线，或者说地球上所有的子午线都集中在这一个点上，像我们在这里估算的一样，这里没有时间起点。"极点是没有时间的，但正是因为地球绕其极轴自转，才有子午线（或经线）来为科学航行、海上贸易和国际标准提供时间和空间的标准化测量。

　　这将我们带到了一个重要的十字路口，反思北极作为盖亚之子的化身。这是一个警示人们要脚踏实地的寓言故事，它的核心也与赫拉克利斯的努力有关，赫拉克利斯的努力是贯穿始终的帝国神话。皮尔里是在一个国

皮尔里北极探险队的手绘图，中间的是马修·亚历山大·汉森和星条旗。在他旁边是四个因纽特人。在他的左边是艾金华和西格罗，他们手里拿着各种旗帜

THE LUDGATE

"THE PROFESSOR HAD CAPTURED THE POLE"

"RAPIDLY MELTING UNDER A HOT SUN"

在这些穆格森探险队的讽刺画中，冰封的北极被捕捉到，却在太阳的炙烤下融化。来自《路德门》（1896 年 8 月）

际竞争激烈的时代写作的。在那时，英国、美国和德国都获得了前所未有的海上军事力量。弗里乔夫·南森是挪威绘制极地盆地地图的先锋人物。所罗门·安德烈1897年乘气球远征北极，这是一次绘制空中航道图的试验，仅30年后，这条航线就可以用来穿越极地了。

对20世纪早期的极地制图故事来说，没有比麦克唐纳·麦克斯·吉尔的作品更值得被讲述的了。他为英国剑桥斯科特极地研究所博物馆创作的两幅手绘圆顶穹顶画（1934）展示了极地地区的两幅地图，证明了从皮西亚斯时代起就为他们的探索做出贡献的极地名流的血统。吉尔对极地制图的象征意义和实用价值都有着深刻的理解。同年，他受命创作环极图画，以庆祝大英帝国规模遍布全球的邮政、电报和航运路线。他的艺术作品提醒我们，极地主权与其说是主张北极的所有权，不如说是显示对进入帝国科学、通信和贸易网络的控制。如何通过其他非帝国或后殖民的寓言来解读安泰乌斯的故事，这是最后一章要讨论的问题。

第七章 哀悼"安泰乌斯"

在 20 世纪期间，北冰洋的殖民活动达到了前所未有的规模。本章讨论的一个关键问题是，工业技术，特别是航空技术的出现，是否会动摇北极的神话地位，抹去它的神秘色彩。由于航空技术"无所不知，无所不能"，玛丽昂·克洛宁观察到"驾驶舱里的飞行员远高于冰面，这似乎颠覆了极地旅行的英勇精神"。

废黜两极的观点在一些人中大受欢迎。罗伯特·鲁德莫斯·布朗（1879—1957），谢菲尔德大学地理教授，著名的植物学家，布鲁斯苏格兰国家南极探险队的老兵，很高兴看到"对极地的征服，不仅仅是到达高纬度，更是使探险活动能够深入更有用的方向"。1933 年，鲁德莫斯·布朗撰文指出，航空业已经开始改变极地科学，将极地考察带到了一个以前难以想象的水平，也带来了一个进入极地的新途径。同时，他也对其不利之处感到遗憾，即"它剥夺了人们对极地工作的热情，也不容易为将来的大规模探险活动筹集资金"。尽管方式不同，但他对极地神话地位消亡的矛盾情绪在日益专业化的极地科

学家群体中得到了认同。北极的恒星是否已经定好，它
是否已经成为地图上的另一个冰点？还是说它仍然是一
个迷人的、独特的、与众不同的地方，一块反映人类与
宇宙关系的试金石？

在接下来的故事和观点中，很明显北极生动的地理
形象与其艰难险阻形成鲜明对比。北极地区的工作和旅
行依赖于"技术假想"，飞行和航空仪器与地理想象联系
在一起。对那些想要描绘一架飞机或潜艇穿越北冰洋的
探索的读者来说，需要给他们一个视觉环境和结构，让
他们从上面看到极地世界。在遥远的一天，地平线可能
向每个方向延伸约 160 千米。接近北极、俯视北极、越
过北极的旅行，至少四个世纪以来都是地理想象的一部
分，但摄像机从北冰洋上空带来的自然景象却是一种新
事物。

探险家们在日记和书籍中记载的极地旅行的古老价
值观仍然很受欢迎。年轻的极地科学家，特别是在 20 世
纪 30 年代的牛津和剑桥探险队，仍然有兴趣寻找具有男
子气概的事迹。例如，剑桥大学探险队在只有两人，在
几乎没有后援的情况下，穿过格陵兰冰帽。防护装备也
与他们的前辈——1918 年后的那一代人——有些不同。
吉诺·沃特金斯（1907—1932），战后格陵兰岛探险队
的领队和皮划艇专家，是一个具有前瞻性的人。他"偏
爱之前没有极地探险经验的人……以便打破陈腐的传
统……鼓励新技术的发展"。他的探险队员们"对冒险和

艰苦的体力劳动有着强烈的欲望，而且这种欲望并没有减弱"。对沃特金斯来说，男子气概在极地研究中对极地人如何看待自己的身份和他们对代际变化的感觉起着决定性的作用。

随着北极被纳入全球海运、空运、民用和军用网络，20世纪中叶地理学中两个首要的主题变得更加突出：技术性和可达性。皮尔里是否真的在1909年到达了北极，公众对此意见不一，但这不妨碍他的成就被同时代的极地探险家（包括罗尔德·阿蒙森在内）广泛认同。罗尔德·阿蒙森意识到自己没有机会成为第一个到达北极的人，因此他将目光转向了南极。即使皮尔里的成就最终被模糊地定义为到达过"最遥远的北方"的人，但对北极的"征服"让人们意识到，北极并不是一个与世隔绝的地方。当机械化在极地探索中大放异彩时，人们对皮尔里的成就所持的态度变得摇摆不定。

第一次世界大战改变了人们对机械技术是否有潜力改变世界的态度。随着战争的机械化和几乎整整一代年轻人的丧失，人们对维多利亚时代普罗米修斯技术带来进步的承诺起了怀疑。

斯特凡森的"难抵极"

其中一个特别关注技术对北极未来影响的人是斯特凡森（1879—1962），他是一位资深的探险家和北极多学科的专家。他欣然承认皮尔里在 1909 年到达了北极，或接近北极。第一次世界大战后，他也认同，飞机在欧洲和北美的主要城市之间跨越北极飞行只是时间问题。斯特凡森很遗憾地看到，征服北极使北极不可避免地失去

图中是长相粗犷的斯特凡森，他是美国北极地区最著名的博学家、博物学家和科普作家，图片拍摄于加拿大北极探险时期（1913—1916）的夏季

了魅力，就像"希腊人把他们的神从奥林匹斯山上驱赶出来，穿过弯曲的山脉到达山顶"一般。斯特凡森希望世界的北部边缘，能够超越种族，成为一个中立的极点。他想恢复一种传统，即地理北极之外是一个神圣不可侵犯的空间。他是如何做到这一点的，揭示了 20 世纪极地地理的许多情况。

在他的作品中，斯特凡森通过字面描述和比喻的手法，向读者展现了北极地表景观以外的东西，他向他的读者解释了北极之下隐藏的东西。如果北极以北极本身的价值观和生活方式而闻名，而不是以征服环境的形象而闻名呢？因此，斯特凡森开始了一次哲学之旅，反思地理北极的传统意义，并超越它。历史学家评论了斯特凡森的作品表现出的讽刺和机智，以及他表达最严肃的想法时表现出来的轻松自在。正是由于他的讽刺风格，他将一个新的隐藏极点，即所谓的"难抵极"理论化为现实。

到 20 世纪 20 年代初，人类学家已经开始向西方观众展示当地人视角下的世界。在太平洋地区，布朗尼斯·阿乌·马林诺夫斯基发表了一份开创性的报道，记录了他在特洛布里安岛上 4 年的生活。在北极地区，罗伯特·弗莱尔蒂发表了一部创新性的视觉纪录片，记录了他在哈德逊湾一个小营地的因纽特人的生活。仅在一年前，斯特凡森发表了《友好的北极》（1921）这一开创性的研究，研究了因纽特人生活，及他们靠动物获取食物、衣服和精神食粮的情况。

斯特凡森的书反映了他坚信如果一个人尽力学习如何与北极和谐相处，那么北极边缘是可以进行勘探和发展经济的；而如果要与北极环境做斗争，那么北极似乎是无情又严酷的，是一个不可进入的世界。前面的哲学

皮尔里在《北极》（1910）的头版画中描绘了自己穿着驯鹿皮和北极熊皮制成的"真正的北极装"，他带着因纽特人的长矛，穿着丹恩的雪鞋，这表明了他对当地旅行技术十分认同，尽管他竭力宣传民族主义，但他自己并不是一个有强烈的民族主义视野的人

之路是获得更少的常识性知识，而不是更多的知识，并且"忘记我们认为我们已经知道的东西"，特别是在技术和探索方面。

《友好的北极》主要记录了 1913—1917 年，在麦肯齐河三角洲，斯特凡森与因纽特人一起生活的时光，在那里，麦肯齐河流入距离地理北极以南近 2 500 千米的北冰洋。奇怪的是，尽管这本近 800 页的人类学著作致力于研究因纽特人的生活，但开篇还是收录了一篇关于"相对难抵极"的文章，这篇文章发表在前一年（1920）的《地理评论》上。在书中，斯特凡森讨论了皮尔里到达北极的方法的优点。斯特凡森非常关注皮尔里的方法，这是一种使用因纽特人雪橇和狗做支援队进行旅行的方法。在一定程度上，斯特凡森钦佩皮尔里高度组织化的探险方式。皮尔里依赖于军事形式的计划，他的批评者认为，这对因纽特人的家庭资源提出了过高的要求，因纽特人家庭为他的成功牺牲了大量的资源。在花费了大量时间，将自己的位置尽可能地向北极推进的情况下，他的一小队人才准备向北极进发。利用这个方法，皮尔里平均每天在北极海冰表面上行驶 19 千米。他的基地位于哥伦比亚角，距离北极只有 800 千米，这使他能够穿过相对平坦的海冰带，不用经过阻塞性的压力脊。有了这些，他才获得了胜利。

斯特凡森对皮尔里成就的看法是，只要有足够的准备和实践，任何一个合适的人都可以到达地理北极。这两个人真正的不同之处在于，斯特凡森认为因纽特人是来自北方的北方人，拥有必要的技能和理解力，能够在一定条件下生活在北极，这与皮尔里这样，将最近的仓库当作下一个食物供应点的临时访客形成鲜明对比。

斯特凡森对皮尔里的评论，伴随着对北极探索的四个阶段的剖析，他认为这四个阶段描绘了北极的特征。这个分类方案将极地盆地划分为四个准进化地理区域，大致追踪了欧洲探险家向北行进时的物质文化。这些区域可以被认为是极地航行材料升级和技术精进的连续历史阶段。第一个区域是原始的，对应着遥远而阴暗的过去，那时欧洲人还没有学会用风来推动他们的小船，只能任由风来摆布。第二个区域代表了航海技术的到来，使早期的现代探险家能够利用风导航到北极冰海的边缘，并记录下一连串的"最北"的点。

斯特凡森将这些历史点中的九条船在极地盆地周围到达的点连接起来，以提供最佳的冰缘指示。这条线标志着第三个区域的南部边界，在那里，向因纽特人借用狗和雪橇技术的人可以很容易地接触到北极冰海。斯特凡森接着沿着第三区 800 千米的南部边界弧线，将船只驶向最北的地方，这样第三区就包含了所有可能的旅程，距离等于皮尔里 800 千米的冲刺，包括地理北极本身。出于这个原因，斯特凡森称第三个区域为"比较无障碍区域"。然而，这在北冰洋中部的冰层上留下了一个形状不规则的多边形内部区域。与皮尔里遍历的"比较可以接近的区域"不同，阴影多边形表示斯特凡森的第四个区域，即"相对不可接近"的内极区域。这个多边形的几何中心是"难抵极"，距离地理北极 640 千米。

皮尔里只到达了极地理解阶段四个阶段或区域中的第三个。他掌握了因纽特人旅行方式的操作方法，但没有接受其更广泛的哲学理解。斯特凡森认为，第四个更高阶段极地探索的考验是，一个人能否在北极冰层中心的新的内极（而不是地理北极）生存。没有人试图这样做。皮尔里和其他人的错误是没有认识到北冰洋充满了生命，在斯特凡森看来，他很有可能，也应该靠此生存下去。斯特凡森幽默地说，除了数以百万计的驯鹿和狐狸，数以万计的狼和麝香牛，数以千计的北极熊，数以十亿计的昆虫和数以百万计的鸟类，北冰洋的陆地是没有生命的。

斯特凡森将他形状奇特的区域轮廓命名为"等时线"，字面意思是共享"同一时间"的地方。有人记得，在古希腊人的框架下，子午线或经线是等时的，因为天体时间实际上只是天体绕极轴的运动。然而，斯特凡森的等时线也是"hodological"的，这意味着它们与冰缘的轮廓有关，冰缘本身是由地球重要的物质力量形成的。斯特凡森的相对不易接近的内部区域需要通过读取海洋生物的隐藏运动来觅食的能力。这一知识，经过几个世纪的探索和检验，意味着精通因纽特人文化的人可以居住在难以接近的极点。斯特凡森认为，他学到的教训是任何人都可以学到的，在北冰洋的几乎任何地方生存下来，靠的是自然维持，而不是征服自然。能够超越皮尔里穿越的相对无障碍地带，不仅需要呆板的狩猎技能，还需要理解宇宙学，在宇宙学中，与动物生活是人类、动物相互依赖的一种形式。因此，在斯特凡森的计划中，他的第四个极地探索区实际上是因纽特人区。这既有见地又有讽刺意味，因为他知道海冰是维系极地盆地生命相互联系的关键。

斯特凡森还说，皮尔里和像他这样的人的帝国视野使他们对"活的北极"的内部视而不见。斯特凡森说的内部仍然没有对缺乏必要的文化理解和技能的人开放。尽管皮尔里得到了他的同伴马修·汉森和四个因纽特人的大力帮助，但他只是在经验、方法和信仰允许的范围内旅行。

有意思的是问斯特凡森是否正在建设一个乌托邦，以挑战他那个时代占统治地位的帝国价值观，其回答与大约250年前玛格丽特·卡文迪什在《炽热世界》中做的相呼应。只有当海豹愿意把自己交给觅食者时，人类才能通过因纽特人的方法和信仰在无法接近的区域获得食物。因纽特人认为动物是有灵魂的，只是与人类不同。卡文迪什是自然哲学的热心和敏锐的读者，正如斯特凡森是海冰下动物生物学和营养学的认真学生一样。斯特凡森向他的读者解释说，想让海豹栖息在北极冰海上，就必须让他们能够浮出水面呼吸，这就需要找到足够薄的冰，使他们能够建造呼吸孔，这是因纽特人所说的"aglus"。他推测，如果海豹跟随它们的呼吸孔，随着浮冰从白令海峡地区漂过北冰洋进入极地盆地的中部，那么相对不易接近的区域应该由海豹居住。海豹相对容易捕捉，这意味着它们是极地海洋世界的主食。半开玩笑地说，斯特凡森，创造了一个"难抵极"，似乎使北极成为拥有大量海洋生物的因纽特人世界的殖民地，或者至少是殖民地的延伸。

从这个意义上说，斯特凡森的"难抵极"可能被认为是通向冰层下生命之网的大门，在那里，因纽特人的圣母塞德娜照顾着她的孩子们的灵魂——海洋动物。当受到人类的尊重对待时，据说海豹会把自己献给依赖它们来获取营养的猎人；然而，如果被人类的恶行和缺乏尊重激怒，塞德娜就会阻止她的动物出现在猎人面前，让他们挨饿，直到他们认罪为止。显然，斯特凡森的不可接近区域的行为规则将不同于那些模仿赫拉克利斯和冲向地理北极的行为规则。斯特凡森担心的是遇到极地"沙漠"的风险，那里的海冰太厚，海豹无法呼吸空气，会因此丧生而无法进入。类似于温带或热带的沙漠，这些特殊的空间无法长期居住。它们需要依靠皮尔里的"后勤接力赛"的方法来绕过或穿过沙漠。

极地国际主义

斯特凡森一直在对抗机械动力的军工浪潮。他的"难抵极"在 1926 年被成功到达，但不是通过觅食。相反，以 1912 年成功抵达南极而闻名的罗尔德·阿蒙森计划通过飞行抵达，他首次使用了一艘 N 级半刚性飞艇。与飞艇浮夸的意大利设计师和意大利空军飞行员翁贝托·诺比尔（1885—1978）和美国飞行员林肯·埃尔斯沃思（1880—1951）合作，"挪威"号飞艇和 16 名机组人员于 1926 年 5 月 11 日上午 9 时 55 分离开斯匹次卑尔根的新奥莱松，不到一天后的凌晨 1 时 25 分抵达北

翁贝托·诺比尔的探险活动汇集了地缘政治、嫉妒、阴谋和灾难。他的飞艇（半刚性飞艇）"意大利"号（1928）从北极返回时在斯瓦尔巴特东北部的冰面上坠毁

极，"挪威"号飞越了难抵极，或者是被阿蒙森称为"冰极"的地方，一个"纬度为北纬88度，经度为东经157度……到目前为止没有人见过的……假想的点……是北极冰川的地理中心。"

当船员们庆祝飞越北极时，"挪威"号代表了阿波罗之眼的胜利。这次探险对其成员也有不同的意义。在"飞艇"上，期待中的国际合作迅速被狭隘的民族主义压倒。当三位探险家在预定的时间将国旗升在地理北极上空时，阿蒙森和埃尔斯沃思立刻意识到自己上当了。诺比尔偷偷地带来了一面比他们大得多的旗帜。这让他们

即使在整个冷战期间，北极仍然保持着它神圣的一面。在这张照片中，美国"滑冰"号潜艇的船员们正在撒乔治·休伯特·威尔金斯的骨灰，他在1930年就开始计划在北极下面驾驶潜艇，但探险失败了，潜艇在挪威海岸沉没

与诺比尔本来就紧张的关系变得雪上加霜。虽然这次考察显示了极地合作和国际主义的潜力，但它也揭示了民族主义的狭隘利益也暗流汹涌。

极地地区的工业化不利于斯特凡森对因纽特风格的北极盆地的设想，在这个盆地里，哈士奇是终极探险者，它们利用自己的力量和智慧拉雪橇，以获得新鲜的海豹肉作为回报。不幸的是，对斯特凡森来说，第一只到达"难抵极"的狗只有25厘米（10英寸）高，5.5千克（12磅）重，是法西斯诺比尔的同伴。这只黑白相间的小猎狐犬叫蒂蒂娜，是一只被诺比尔救出的流浪狗。和它的主人一样，它的勇敢也受到了赞扬——据说它冲着北极熊吠叫赢得了一场对峙。探险队的记者安东尼奥·夸特利尼认为，尽管蒂蒂娜对他的笔记本"怀有强烈的厌恶之情"，想把它撕成碎片，但蒂蒂娜"是一只被命运眷顾的狗，是一只最具特色的狗"。它名声大噪，无时无刻陪伴在诺比尔左右。

随着"难抵极"的定义逐渐被理解为是海洋中距离陆地最远的一个点，无论是否有海豹，继续有远征队对海冰进行研究，进行秘密的军事情报工作，并为科学漂流站提供补给。因此，美国海军的潜艇开发也改变了北极海洋学。海底勘测为海底山脉、山脊和峡谷的研究开辟了一片新天地。地质学家、地震学家和冰川学家开始研究极地盆地的地层，解锁其地层的历史、远古冰盖和冰川的重要性，绘制洋流和海冰在整个北极盆地的循环流动图。山脉和山脊地图的绘制也带来了海底通道和海底航线，从 20 世纪 50 年代起，随着冷战将北极划分为苏联和美国的势力范围，这一点变得越来越重要。这一集约化的军工研究时代，使得对航空雷达站、气象站和港口这些类型的军事基础设施的投资到达了前所未有的力度，这个影响在如今的高北极地区的基础设施中非常明显。

在随后的几十年里，"难抵极"将变成一个不那么重要的极点。这反映在 1958 年，美国海军"鹦鹉螺"号潜艇在接近"难抵极"时，船长的评价是："但谁在乎呢？我们在海底的家里安全、温暖、舒适。"这句随口而来的话捕捉到了一个关于"难抵极"的有趣之处。尽管北极盆地作为冷战中的一个战略舞台在地缘政治上的重要性日益增加，但至少是对水手来说，它已成为一种纯粹的珍惜物，几乎没有任何意义和威望。

地理北极的复兴

从 20 世纪 20 年代中期开始，北极变得更加容易到达，这主要是因为极地探险被新技术的使用重新定义了。一个人怎样到达北极变得和他是否达精确地到了北极点一样重要。技术与物流的关系，是 20 世纪 30 年代贸易增长和帝国扩张的核心原因，也是 20 世纪极地微观世界的一个重要特征。管理狗队、划皮划艇、在冰上降落飞机的技术是极地研究领域专业技能的代表。在极地野外工作中，拥有独立和自主的技能，成为衡量男子气概和领导能力的新标准。风险被计算和管理。食物的供应、为适应独特的湿度和温度专门设计的带有本地特色的服装，以及进行新型运动测量实验，越来越成为极地野外工作专业知识的一部分。

对大气和海洋的科学研究使北极的三维模型得到了发展，北极不再只是一个平面。飞机和潜艇在空中和水下的航行，给极地探险带来了新体验，而热气球实验很久以前就预示了这一趋势。探险家和记者们被要求构思新的可视化叙述来描绘这些壮举，以便读者能够想象出新的极地地形，包括千米长的冰芯、高层大气风系统、两极无线电通信、海底山脊和峡谷。这是一个极地知识和进入极地的途径被先进的技术体系统治的世界。

如果说在两次世界大战之间的岁月里，地理北极成为怀旧的对象，那么它在第二次世界大战和冷战期间的地缘政治斗争中，就有了明显的回归。在一个由地缘政治和科技强弱划分区域的世界里，极地想象提供了构建世界政治秩序的视觉方式和空间方式，成为反映帝国和超级大国命运的空间词汇。毫不奇怪，根据极地投影图绘制的地图在军事规划人员和分析人员中很受欢迎。美国海军历史学家和政治学教授埃尔默·普利施科热衷于"可以轻松观察到地球上所有点之间的直线航线"的实践。极地地图在地理想象中也获得了新的现实主义意义。

记者们也可以用阿波罗视角俯视投影图，就像飞行员在世界之巅向下俯视时产生的鸟瞰图画面一样。普利什克将极地投影的流行归因于它是"最近设计的"，这是极地地图符合现代科技的标志。

地理北极与北极空域的无缝衔接，可以用来说明一种以国家分裂或国际合作为标志的世界秩序：一种新的"全球性航空化"。1943 年 2 月瓜达尔卡纳尔战役后，盟军在太平洋对日战争中继续作战。同年夏天，《生活》杂志刊登了一篇针对孤立主义政治的专题文章，警告人们"在珍珠港事件之前，孤立主义政治误导我们产生了虚假的安全感"，令人吃惊的事实是，"今天，由于飞机的出现，世界上任何一个地方都可在 60 个小时内到达"。《生

伊万·帕帕宁的俄罗斯漂流站"北极 1号"的一个帐篷，灵感来自南森的探险队（1893—1896），在被破冰船救起前，在北极附近的浮冰上漂流了 9 个月，2 850 千米。科学派受到广泛赞誉，被授予"苏联英雄"称号

活》杂志声称,教给学生的"世界北极投影图","如果是真实的地图,将清楚地告诉我们,我们不能再固守老式的'两个半球'的地理概念"。这张"世界航空地图……向我们展示了世界的本来面目——一个没有围墙的世界……曾经遥远的国家现在聚集在一个全球性社区里"。未来的地图将是展示和平与商业的阶段。

以极地团结的形象来庆祝克服地缘政治冲突的前景是乌托邦式的。像所有的乌托邦一样,《生活》杂志期待盟军的胜利会带来一个围绕着和平的极地"自由世界",向所有乌托邦构想一样,这是不成熟的。在冷战时期,南北两极的地图连接在一起,在空间上增强了政治紧张感,而不是缓和它。他们设计了一个既连贯又统一的地图,并将它分成两半,通常将北美放在左边,亚洲放在右边。军事战略规划大规模利用极地俯视图,绘制美苏远程轰炸机、超视距雷达、核动力潜艇和弹道导弹的射程图。在这种情况下,跨越极点的商业航线也成为现实。20 世纪 60 年代中期,苏联在莫斯科到哈瓦那的航线上,使用涡轮螺旋桨客机,每周两次,提供飞往古巴的定期航班。偶尔的中途停留是不可避免的,一架飞往古巴的俄罗斯航班,曾被获准在纽约肯尼迪机场加油。

在第二次世界大战期间,极地投影的重新流行,促进了世界各国人民和平的相聚在极地的愿景,这唤醒了根植于 16 世纪宇宙学和政治学的制图学传统。即使宇宙学的主要目的——研究地球和天空之间的和谐运动——

已经被抛弃，且想象地球的方式发生了多次变化，但阿波罗的飞越地球的设想仍然存在。杜雷尔和阿皮安开发的以外部视角与极轴对齐绘制地图的技术对大众和政治制图产生了持久的影响。利用极地宇宙学绘制东西半球的地图，证明了查理五世的普世权威遍布全球，在近400年后的帝国鼎盛时期，吸引并启发了皮尔里和诺登斯基尔德等极地探险家。因此，以区域和经度度量来定义时间和地点的系统也是宇宙学在塑造全球标准的新惯例和新技术方面的一个长久影响。这些设想时间和空间的方式，以新的方式，被后人一次又一次地引用，并且对通常被松散地描述为"西方"和"全球"的事物产生了持久的影响。

北极新故事

地理上北极，是投影中的一个点，一个经度的来源，却没有自己的时间或经度，它位于一个难以观察到的地方，却一直吸引着人们，他们认为这是一个非常适合承载他们的乌托邦框架的地方。讽刺写作和非主流形式的写作可以达到其他人不能达到的地方。这些非主流作者经常声称，独裁、民族主义或企业发展常常使用不正当手段。这也许有助于解释为什么极地仍然是新潮运动的指挥家，指挥着过去的理论和即将发生的大灾难，以及一个统一的地球村的占星术愿景。

雪鞋，最初是一种用于诱捕或觅食的本土旅行装备，在 2007年之前一直被用于北极马拉松比赛。现代的铝合金设计不适用于雪鞋，这是为了避免髋屈肌损伤，保护帐篷地板不被撕裂

极地仍然保留着纯正的哲学思考的力量。其中一个原因是，自从南森绘制极地盆地图以来，科学已经产生了一套令人惊讶的丰富理论，揭示了极地地区的冰层漂移、海洋和陆地环境如何在维持地球全球性系统方面发挥着关键作用，即使北极周围的海洋环境还没有被很好地记录下来。利用极地科学的证据，在气候迅速变化之际为政策辩论提供信息，并与更广泛的受众交流，是一项至关重要的任务。

21 世纪最有思想的探险家，特别是当地人、科学家、艺术家和作家，为北极探险中注入了哲学思考和伦理忖量，北极能够反映出我们的命运与我们生活的世界之间的相互依赖性。斯特凡森发现，他用经验主义和分析法来刺穿虚假的神话，用科学的事实来与寓言交流，从而吸引了大量受众。北极人也认识到，如果他们有理论知识和实践经验，那么他们就可以向全球其他地方那些想要了解居住在这个星球上意味着什么的听众或读者传达保护极地生态系统的重要意义。这些意义通常最好通过寓言、叙述和观察来理解。当观众看到或读到这些新闻：由于夏季冰川融化北极熊不得不在岸边花费更多时间；随着海洋温度的升高，鱼类种群不得不向北极迁移；人们由于定居点周围的冰原融化并开始崩塌，而不得不在其他地方寻找避难所的窘境；事实和故事常常同生共存，并向不同背景的人提出重要问题。这是理解全球不同地理区域的重要方式之一。

北极马拉松是北极全球文化政治的一个非常贴切的象征。很久以前，马拉松是一种英雄式的，耗费生命的活动，旨在告知雅典人即将来临的入侵，马拉松如今在北极地区上演。竞赛需要跑很多圈，顽强的跑步者和梦想家，本着国际合作与相互支持的精神，齐聚一堂。在俄罗斯物流专家提供了重要的基础设施——跑道和营地。然而，那些寻求刺激的人举办马拉松比赛仍然充满危险。浮冰一直在极地探险家（包括马拉松运动员）的脚下漂流，但气候变化正在改变海冰，使大气变暖、海洋酸化，并改变极地海洋生态系统。

斯特凡森说的"难抵极"是对 20 世纪北极和南极极地野外工作性别歧视的恰当描述，对于女性来说，南北一年一度的北极马拉松由理查德·多诺万于 2002 年创立，这得到了俄罗斯野外作业人员的支持，是当代徒步环游北极的节日仪式。参赛者携手合作，展示跨民族合作的精神。北极不需要签证

极确实的"难抵"的。像玛丽·斯托佩斯（1880—1958）这样的先驱女性，曾申请参加罗伯特·法尔肯·斯科特的南极探险，但遭到拒绝。一些女性的已婚身份使她们得以陪同丈夫进行极地探险。然而，英国南极调查局仅

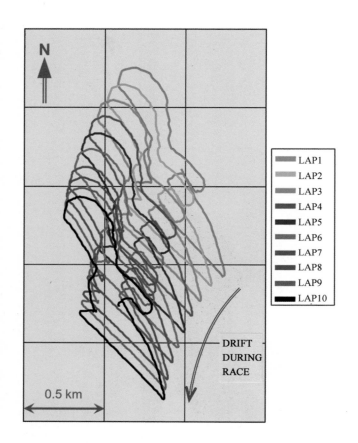

在完成北极马拉松
（2007）的十圈所需
的时间内，推动海冰
运动的海流将赛道向
南移动了大约一千米

在1994年才允许女科学家在南极大陆的一个研究站越
冬。北极有着长期的殖民史和边疆史，女性在其中扮演
了非常重要的角色，其中许多女性是相对独立的，毫无
疑问，在定居者和当地人中，有男人也有女人。

　　传统上，极地探险的定义是男性以肌肉、帝国和竞
争的价值观培养起来的，女性探险家们带来了自己独特
的故事，尽管她们通常会重新构建现有的竞争框架重新
定义肌肉和第一。女性并没有放弃北极的征服，而是用

残奥会神经科学家、医生和运动员谭威廉博士，忍受着−25°C的寒冷，在飞机起降的平坦跑道上，用21小时10分钟内完成了北极马拉松训练。他保持了多项残奥会世界纪录，还为人道主义项目筹款，以实现基于更大共同利益的全球愿景

性别、种族和优先权的标志来改写历史。安·班克罗夫特（生于1955年）作为威尔·斯特格五人小组的成员，于1986年成为第一位乘坐狗拉雪橇到达北极的女性。电影金融家卡罗琳·汉密尔顿设计了一个全部由女性组成

的团队，拉雪橇驶向北极的计划，这证明了女性可以设想一种精英制的方法来挑选参与者。她在广告中招募了20名女性，组成了一支国际极地接力队，队员们不需要有极地探险经验，她们进行了长达670千米的北极之旅。这意外的挑战了传统女性的形象，一些新闻报道常常刻意强调女性的性别，但许多女性只想以自己的成就而闻名。在报道中，汉密尔顿接力探险队的成员不仅是冒险家，而且是那些把孩子留在家中的母亲、女性业余爱好者和母女组合。

　　2007年，75岁的退休护士芭芭拉·希拉里在击败了

2002年，安·丹尼尔斯和卡罗琳·汉密尔顿首次完成从陆地到北极的英国女子滑雪探险，图中所示是她们沿着冰脊线前往北极

肺癌和乳腺癌后，从北纬 89 度滑雪橇到达北极。她是一个在哈莱姆区长大的非裔美国人，她的成长过程充满了贫困，她一生克服了许多障碍，不会滑雪只是其中之一。她通过在健身房组织指导课程，在加拿大上滑雪课，并聘请导游，成功地登上了北极。四年后，她将目光投向了南极，成为第一个到达两极的非裔美国人，不论男女。她的成就使人们关注到种族、性别和阶级问题的交叉点。例如，他们进一步肯定了马修·汉森作为一名极地旅行者取得的卓越成就。希拉里让北极有了象征意义，对于其他与癌症做斗争的人来说，这让他们有勇气战胜病魔。

在北极气候迅速变化的当今时代，大多数极地探险都有必要关注不断减少且极不稳定的海冰。在一次充分准备的探险中，荷兰探险家兼记者伯妮斯·诺滕布姆将极地探险的概念抛在脑后。她和电影制作人莎拉·罗伯逊没有拍摄她接近极地的过程，而是选择拍摄她从北极滑雪离开的旅程。数百年来人们都在接近北极乃至超越北极，但她强调北极应该被远离，人们应该从北极退却。文艺复兴时期或此后，没有一位历史画家描绘过赫拉克利斯击败安泰乌斯后离开的情景。在他去摘金苹果之前，赫拉克利斯是背弃了安泰乌斯还是照看了他的遗体？一些北极探险家观察到，北极海冰的减少使接近极地变得更加困难。诺滕布姆并没有寻求媒体的报道，而是提醒人们注意她可能是最后一个从北极滑雪离开的人，这就是冰况不断恶化的结果。因此，在她与罗伯逊合拍的电

影《海盲》中，观众有机会反思海冰的消失，这部影片
不仅仅是消遣，还是对海冰失去的哀悼，同时也是对行
动的呼唤。这样的探险远不止传播这样一个信息，即极
地地区在维持这个星球上发挥着关键作用。她们邀请我
们反思安泰乌斯的秘密，他的历史现在被揭露，他无法
恢复力量，无法击退傲慢。如果在我们北极的叙述中，
我们坚持在21世纪认同赫拉克利斯，我们是否有可能或
希望以他的母亲盖亚值得尊敬的方式悼念安泰乌斯？我
们该如何利用他的力量，用他征服的人的头骨为他的父
亲波塞冬建造一座神庙？也许这样的话，它就可以成为
一种召唤，让我们反思某些类型的故事在这个时代是如
何塑造父子关系的，无论是好是坏。

　　可悲的是，虽然我们认识到我们的命运与晚期工业

安·丹尼尔斯沿袭了
史考茨比和帕里几百
年前的传统，驾驶她
的两栖雪橇穿越一片
通向北极的开阔水域

资本主义的发展息息相关，但世界仍然认同赫拉克利斯的傲慢自大。北极是这场悲剧的一部分，有毒污染物污染了陆地、海洋和海洋。据报道，挪威和俄罗斯海岸附近的巴伦支海是世界上放射性最强的海域，这主要是由于冷战期间进行的核大气试验、后处理厂的排放以及切尔诺贝利核事故造成的。在格陵兰岛和巴伦支海的北部和东部，大量的旧塑料从大西洋经温盐海环流至此，这是一个从远方运送塑料的"塑料传送带"。环极合作网络，在科学、教育和治理领域相当脆弱，从安泰乌斯之死，而不是从赫拉克利斯的十二项大功的角度看，它会是什么样的？尤利斯托斯国王曾派赫拉克利斯去偷金苹果园的金苹果，但如果我们同情尤利斯托斯国王，使他

作为一名经验丰富的极地旅行者，伯妮斯·诺滕布姆践行着环境哲学。她对冰冻圈地缘政治和全球环境问题的哲学思考，是通过穿越多变的极地世界来实现的

放弃永生的愿望，把金苹果还给了他们的合法主人，那
会怎么样？

　　以一首关于安泰乌斯的诗来结束这本书再合适不过
了。《安泰乌斯》这个神话被诺贝尔奖获得者、《北爱尔
兰的麻烦的历史》的作者，诗人谢默斯·希尼从内到外

2014 年，伯妮斯·
诺滕布姆完全改变了
数百年来极地探索的
传统，开始从北极向
陆地滑雪，看海冰条
件是否允许她到达陆
地。在这张照片中，
她总结了多年来的海
冰特征：雄伟壮丽，
但岌岌可危

重新改写了。对于这首诗有不同的解读，但一个比其本意更加社会生态化的解读，是为了反思一个人如何立足于一个社会，不屈服于殖民世界的强烈的欲望：

"让每一位新的英雄降临
寻觅金苹果与阿特拉斯：
在他通过之前他必须与我决斗
进入名誉的领土

在从天而生和高贵庄严之中。
他可能完美地把我摔倒在地，并使我复活
但让他不做计划，举起我通向天空，
我的飞升，我的坠落。"

致　谢

　　我要感谢许多人，没有他们的宝贵支持，这本书是不可能完成的。首先，感谢我的出版商迈克尔·莱曼和"地球"系列的编辑丹尼尔·艾伦给我写信建议我写这个话题。我的编辑艾米·萨尔特的娴熟指导是无价的，我的图片编辑苏珊娜·贾耶斯的出色工作也是无价的。作为一名在极地研究所工作的科学史学家，我为自己对北极的无知而感到震惊，我对那里存活着什么样的物种，发现了什么资源知之甚少，我不知道北极是否只是一个数学上的虚构点，一个实际并不存在的地方。我甚至不知道是否有足够的理由在这一系列图书中写一本关于北极的书。在同事们的帮助下，我在研究的过程中发现了大量资料，挖掘了许多很少被提及的材料。我不得不精心挑选素材，我向失望的读者道歉，因为很多探险在书中都未被提及，圣诞老人没有被提到，如今的北极也只是一笔带过。

　　从我与丹尼斯·科斯格罗夫的友谊中，我获得了从长远的方面探讨北极灵感。特别感谢梅根·巴尔福德在图片方面提供的帮助，感谢埃拉·威尔逊·罗提供了大量的编辑建议。我感谢阿德里安娜·克拉辛、约翰·麦克唐纳、西蒙·谢弗、摩根·西格、西尔维亚·苏梅拉和大卫·特恩布尔，以及克拉克图书馆研讨会的同事、剑桥大学历史与哲学学院自然史系的同事，英国国家海洋博物馆的同事，以及挪威北极大学的社会科学系的同事，感谢他们对我的草稿提出的批判性的意见。

感谢历史地理学家斯蒂芬·丹尼尔斯、费利克斯·德里克、露西安娜·马丁斯、凯瑟琳·纳什、迈尔斯·奥格伯恩和查尔斯·威瑟斯以及剑桥地理系的比尔·亚当斯、阿什·阿明、马修·甘迪、艾玛·马德斯利、克莱夫·奥本海默、苏珊·欧文斯和丽兹·沃森，感谢他们一直以来对我的影响。

在斯科特极地研究所，我以前和现在的社会科学领域的同事和学生，他们同样也是我的老师：克里斯蒂娜·阿德科克、亨利·安德森·埃利奥特、米娅·贝内特、玛丽昂·克罗宁、彼得·埃文斯、珍妮·弗洛拉、彭妮·古德曼、约翰娜·格雷博、胡·刘易斯·琼斯、布莱恩·林托特、谢恩·麦考里斯廷、理查德·鲍威尔、杰基·普莱斯，加雷思·里斯、摩根·西格、皮尔里斯·维特布斯基、克莱尔·沃里尔和科琳·伍德·唐纳利。

还要感谢研究所所长朱利安·道德斯韦尔，以及研究所图书馆的马丁·弗兰奇和彼得·隆德，托马斯·曼宁极地档案馆的娜奥米·博内汉姆，极地博物馆的夏洛特·康纳利、罗西·艾姆斯和娜奥米·查普曼。

我还要感谢特罗姆瑟北极大学的地方、空间和移动研究小组，特别是安妮肯·弗尔德、贝里特·克里斯托弗森、布里特·克拉姆维格和托里尔·尼赛斯，以及挪威极地研究所的哈拉尔德·达格·约尔和玛丽·琼斯慷慨地分享了他们的历史知识。

我还要感谢吉姆·贝内特、芭芭拉·博登霍恩、罗伯特·马克·弗里德曼、海蒂·汉森、乔纳森·兰姆、露丝·麦克莱南、凯蒂·帕克、安卡·拜尔、斯蒂芬·普弗瑞、尼基·里夫斯、罗尔夫·施奈德、理查德·斯坦利、斯维尔克·瑟林、露丝·斯特林和厄本·沃克伯格。

我要感谢剑桥大学人文社会科学研究资助计划以及皇家学会科学史资助计划对这项研究的慷慨支持。我也很感谢柏林科学学院，感谢他们的善意和鼓励，他们给了我一个机会，让我与我的家人一起度过十个月的团契期，来构思这本书。

最后，感谢我的妻子艾玛和孩子们——米娅、丹尼尔和埃斯梅，感谢他们的爱和支持，感谢他们对书籍的热爱。